rowohlts monographien
begründet von Kurt Kusenberg
herausgegeben
von Klaus Schröter

Charles Darwin

mit Selbstzeugnissen
und Bilddokumenten
dargestellt von
Johannes Hemleben

Rowohlt

Für Michael Evenari Jerusalem

Dieser Band wurde eigens für «rowohlts monographien» geschrieben
Den Anhang besorgte der Autor
Herausgeber: Kurt Kusenberg · Redaktion: Beate Möhring
Umschlagentwurf: Werner Rebhuhn
Vorderseite: Darwin im Alter von 47 Jahren.
Fotografie von Maull and Fox (Down House-Archiv)
Rückseite: Titelblatt der Erstausgabe von 1859 (Rowohlt Archiv)

Veröffentlicht im Rowohlt Taschenbuch Verlag GmbH,
Reinbek bei Hamburg, März 1968
Copyright © 1968 by Rowohlt Taschenbuch Verlag GmbH,
Reinbek bei Hamburg
Alle Rechte an dieser Ausgabe vorbehalten
Gesetzt aus der Linotype-Aldus-Buchschrift
und der Palatino (D. Stempel AG)
Gesamtherstellung Clausen & Bosse, Leck
Printed in Germany
980-ISBN 3 499 50137 6

47.–49. Tausend Mai 1988

Inhalt

Einleitung 7

Kindheit, Jugend und Studium (1809–1831) 11
Shrewsbury 11 / Edinburgh (1825–1827) 20 / Cambridge (1828–1831) 25

Die Weltreise (27. Dezember 1831 – 2. Oktober 1836) 34

London (1831–1842) 59
Verlobung und Ehebeginn 65

Das Leben in Down 74
Charles Lyell (1797–1875) 77 / Joseph Hooker (1817–1910) 79 /
Asa Gray (1810–1888) 80 / Thomas Henry Huxley (1825–1895) 82

Die geologische und die zoologische Periode 86

Zur Vorgeschichte des Buches «Die Entstehung der Arten» 92
Wallace und Darwin 97

Das Buch: «Die Entstehung der Arten» (1859) 105

Darwins weitere Werke 122
Die «Pangenesis-Theorie» 122 / «Der Ausdruck der Gemütsbewegungen» 126 /
Darwin als Botaniker 128

Der Mensch Charles Darwin 133

Ausklang (1878–1882) 142

Zur Autobiographie Darwins 147

Nachwort 154

Anmerkungen 157

Zeittafel 160

Zeugnisse 164

Bibliographie 172

Namenregister 183

Quellennachweis der Abbildungen 186

EINLEITUNG

In den letzten fünf Jahrhunderten wurde die christliche Weltanschauung dreimal durch revolutionäre Ideen stark erschüttert. Zuerst war es Nikolaus Kopernikus (1473–1543), der mit seinem neuen astronomischen Weltbild die Naturauffassung des mittelalterlichen Christentums ins Wanken brachte.

Etwa 300 Jahre später folgte Charles Darwin (1809–82). Seine allgemeine Evolutionsidee vom zeitlichen Werden aller Organismen, einschließlich des Menschen, ließ den Schöpfungsbericht der Bibel als Kindermärchen erscheinen, dem kein realistischer Wahrheitsgehalt zukomme.

Schließlich setzte Sigmund Freud (1856–1939) die naturwissenschaftlich gedachte Psychoanalyse an die Stelle der christlichen Seelenlehre (Psychologie) und stellte das Menschenbild, das bis dahin den Menschen von «oben» – von Gott her – nach «unten» – zur Kreatur hin – gedacht hatte, auf den Kopf. Nicht der Geist, sondern der Sexualtrieb (Libido) wurde von Freud als der wesentlichste Faktor im Menschenleben angesehen.

Die Vertreter des traditionellen Christentums reagierten in den drei Fällen in ähnlicher Weise. Zuerst setzte eine erbitterte Abwehr ein, die in ihren Kampfmitteln nicht wählerisch war. Dann erst studierten die Theologen genauer, was eigentlich die Männer vorzubringen hatten, von deren Gedanken eine so tiefgreifende Schockwirkung ausging. Es kam zu Diskussionen, die mehr oder weniger zugunsten der angreifenden Naturforscher verliefen, und schließlich wurde ein Vergleich geschlossen – kein echter Friede, eher einem vorübergehenden Waffenstillstand vergleichbar. In der Regel nahmen die modernen Astronomen, Biologen und Psychologen nur mit Befriedigung wahr, daß die Kirchen ihren Widerstand gegen die neue Lehre aufgegeben hatten. Im übrigen kümmerten sie sich – Ausnahmen unter den Naturforschern gibt es vor allem im katholischen Lager – nicht weiter um die christlichen Einwände und verfolgten die eingeschlagene Richtung nur um so konsequenter. Die Entwicklungsgeschichte des dialektischen Materialismus ist für diesen Prozeß ein klassisches Beispiel. Das naturwissenschaftliche Weltbild von heute ist ohne Konzessionen an die Theologie entstanden.

Es darf nicht übersehen werden, daß der typische Prozeß der Verwandlung von leidenschaftlicher Abwehr bis zur leidenschaftslosen Anerkennung der neuen Ideen im Zeitmaß sehr verschieden verlief. Das Werk «De revolutionibus orbium coelestium» des Kopernikus brauchte an die 300 Jahre, bis es vom Index der römischen Kirche abgesetzt wurde. Zuvor mußte Giordano Bruno als Ketzer sein Leben lassen, und es gab den «Fall Galilei». Darwin erreichte seine allgemeine Anerkennung in weniger als hundert Jahren. Freuds Lehre, bald durch Adler, Jung und andere abgewandelt, wurde in wenigen Jahrzehnten von der geistigen Umwelt assimiliert.

Es ist, als ob die Vertreter der christlichen Konfessionen im Laufe der Neuzeit gegen Schockwirkungen, die von der Naturwissenschaft ausgehen, immun geworden sind. In der Hoffnung, durch saubere Scheidung von «Glauben und Wissen» den Rest der alten Stellung halten zu können, meinen die Theologen gesichert zu sein. Ängstlich wehren sie jede Grenzüberschreitung von seiten der Naturwissenschaft ab. Handelt es sich nach ungezählten Niederlagen nur um Resignation des Besiegten, der zu oft erleben mußte, daß er auf dem Felde der Erkenntnis- und Wahrheitssuche die stumpferen Waffen, das heißt die unzureichenderen Argumente hat? Oder beruhte die ursprüngliche, elementare Abwehr auf einem grundsätzlichen Irrtum? War das Welt- und Menschenbild des Mittelalters falsch und mußten erst naturwissenschaftlich denkende Menschen wie Kopernikus und Darwin kommen, um die absolute Wahrheit zu verkünden?

Wie war es bei Kopernikus? Durch seine Idee wurde die Erde aus ihrer Mittelpunktstellung im Weltall verdrängt und an ihre Stelle die Sonne gesetzt. Damit war eine wesentliche Grundlage des mittelalterlichen Weltbildes zerstört. Goethe gehörte in seiner Zeit zu den wenigen wachen Geistern, die das Zwiespältige der Tat des Kopernikus durchschauten. So schrieb er in seiner «Geschichte der Farbenlehre»: «Doch unter allen Entdeckungen und Überzeugungen möchte nichts eine größere Wirkung auf den menschlichen Geist hervorgebracht haben, als die Lehre des Kopernikus. Kaum war die Erde als rund anerkannt und in sich selbst abgeschlossen, so sollte sie auf das ungeheure Vorrecht Verzicht tun, der Mittelpunkt des Weltalls zu sein. Vielleicht ist noch nie eine größere Forderung an die Menschheit geschehen: denn was ging nicht alles durch diese Anerkennung in Dunst und Rauch auf: ein zweites Paradies, eine Welt der Unschuld, Dichtkunst und Frömmigkeit, das Zeugnis der Sinne, die Überzeugung eines poetisch-religiösen Glaubens; kein Wunder, daß man dies alles nicht wollte fahren lassen, daß man sich auf alle Weise einer solchen Lehre entgegensetzte, die denjenigen, der sie annahm, zu einer bisher unbekannten, ja ungeahnten Denkfreiheit und Großheit der Gesinnungen berechtigte und aufforderte.»

Als ostpreußischer Domherr der römischen Kirche hatte Kopernikus selbst ein Gefühl für die seelenverwirrende Gefährlichkeit seiner Entdeckung. Lange hat er überlegt, ob es zulässig sei, die Mitteilung darüber an Unvorbereitete weiterzugeben oder ob sie auf einen kleinen Kreis von «Eingeweihten» beschränkt werden solle. So kam es, daß er sein schon seit Jahrzehnten fertiges Werk erst auf dem Sterbebett – an seinem Todestag – gedruckt in Händen hielt. Er selbst hatte die Veröffentlichung bis dahin hinausgezögert.

Auch Charles Darwin hat geahnt, welche Zumutung es für seine Zeitgenossen sein würde, an Stelle des biblischen Schöpfungsberichtes den Evolutionsgedanken über das Werden von Pflanze, Tier und Mensch aufzunehmen. Darum widmete er dem Menschen in seinem ersten grundlegenden Werk *Entstehung der Arten*, 1859, nur den einen vorsichtigen Satz: *Viel Licht wird auf die Entstehung des Menschen und seine Geschichte fallen*. Erst zwölf Jahre später, nachdem Thomas Henry Huxley und Ernst Haeckel bereits alle Konsequenzen für den Menschen aus Darwins Lehre gezogen hatten, ließ Charles Darwin sein Werk *Die Abstammung des Menschen* (1871) folgen.

Es besteht kein Zweifel, Kopernikanismus und Darwinismus wurden bei ihrem Auftauchen als schwere Angriffe gegen die christliche Weltanschauung empfunden, als tiefgehende Erschütterung des christlichen Weltgefühls erlebt. Bedeutet die heutige Anerkennung von Kopernikanismus und Darwinismus eine Entscheidung über Irrtum und Wahrheit im absoluten Sinne? Entstammte die anfängliche Abwehr gegen das Werk des Kopernikus nicht vielleicht doch einem Wirklichkeitssinn, der spürte, daß diese neue Weltsicht nur auf einer Halb-Wahrheit beruht? Auf der Wahrheit eines mathematisch exakt berechenbaren Planetensystems, aber auf Kosten einer geistigen Weltsicht? Sollte sich in der leidenschaftlichen Ablehnung des Darwinismus von seiten der Christen ein ähnlicher Instinkt geltend gemacht haben, der ahnte, daß Darwin zwar eine Wahrheit entdeckt hat, aber wieder nur eine Halb-Wahrheit, die der Gesamtheit des Menschenwesens nicht gerecht wird?

Heute hat der Evolutionsgedanke, diese großartige Entdeckung des menschlichen Geistes, praktisch keine ernst zu nehmenden Gegner mehr. Der bekannte Verhaltensforscher Konrad Lorenz trat jüngst mit der Schrift «Darwin hat recht gesehen» an die Öffentlichkeit. Von anderer Seite wird geltend gemacht, daß nur «Ignoranz oder Böswilligkeit» heute noch gegen den Darwinismus Stellung nehmen können. Und dennoch: es bleibt die Frage: Enthält der Evolutionsgedanke, so wie er sich mehr oder weniger durchgesetzt hat, die volle, die ganze Wahrheit und Erklärung des Entstehungsprozesses aller Organismen – oder spricht auch er nur eine Teil-Wahrheit aus, die der Ergänzung bedarf? Wie wäre sonst das Phänomen Teilhard de Chardin verständlich, dessen ganzes Lebenswerk darauf gerichtet war, den Evolutionsgedanken in das überkommene Christentum einzubeziehen, und der dadurch erneut einen lebhaften Geisteskampf hervorrief? Vollzog sich der «Sieg des Darwinismus» auf Kosten eines um-

Gedenktafel am Geburtshaus

fassenden Menschenbildes? Die nahe Verwandtschaft von Mensch und Tier ist durch Darwin überzeugend deutlich geworden. Dem geistigen Ursprung aller Organismen gegenüber trat jedoch eine Problemblindheit ein, so daß selbst die Frage nach ihm heute kaum noch gestellt wird.

Von einem sorgsamen Studium des inneren und äußeren Lebens des «Darwinismus»-Begründers, von einer Biographie Charles Darwins, darf ein Beitrag zur Beantwortung der Frage nach der gültigen Tragweite und Begrenzung des biologischen Welt- und Menschenbildes, das aus seiner Sicht hervorgegangen ist, erwartet werden. [1–2] *

---

* Die Ziffern in eckigen Klammern verweisen auf die Anmerkungen S. 157 f.

KINDHEIT, JUGEND UND STUDIUM
(1809–1831)

Shrewsbury

Charles Darwin wurde als fünftes von sechs Kindern am 12. Februar 1809 in Shrewsbury geboren. [3] Seine Eltern hatten verhältnismäßig spät geheiratet. Die Mutter – Susannah, geb. Wedgwood (1765 bis 1817) – war ein Jahr älter als der Vater und stand zum Zeitpunkt ihrer Eheschließung im zweiunddreißigsten Lebensjahr. Als das letzte ihrer sechs Kinder zur Welt kam, war sie fünfundvierzig. Alle sind in rascher Folge geboren worden: Marianne 1798, Caroline 1800, Susan 1803, Erasmus 1804, Charles 1809 und Catherine 1810. Von da ab kränkelte die Mutter und starb am 15. Juli 1817. So sehr Charles Darwins ältere Schwestern sich auch um den achtjährigen Bruder bemühten und versuchten, den Verlust durch große Fürsorge auszugleichen, die Mutter vermochten sie ihm nicht zu ersetzen.

Darwins Geburtshaus «The Mount» in Shrewsbury

Der Großvater: Erasmus Darwin

Darwin empfindet es im Alter als seltsam, daß die Erinnerung an seine Mutter in seinem Gedächtnis kaum haftengeblieben ist. Nur *an ihr Sterbelager, ihr schwarzes Samtkleid und ihren eigentümlich gebauten Arbeitstisch* kann er sich in späteren Jahren entsinnen. Er selbst meint, aus Rücksicht auf die Trauer seiner Schwestern, die den Tod sehr viel bewußter erlebten, habe man es vermieden, von der geliebten Mutter zu sprechen, so daß seine Erinnerung an sie bald verblaßte.

Das einzige von Darwins Mutter vorhandene Miniaturporträt zeigt das liebenswerte Antlitz eines in sich ruhenden Menschen.

Um so besser sind wir über seinen Vater und Großvater unterrichtet. Sein Vater war Dr. Robert Waring Darwin (1766–1848), der dritte Sohn des Dr. Erasmus Darwin (1731–1802) und seiner ersten Frau Mary, geb. Howard (1740–70). Dieser Großvater Darwins ist eine bedeutende Persönlichkeit gewesen. Manche Anekdote war über ihn im Umlauf. So erzählte man, daß Erasmus Darwin eines Tages von einem Patienten aufgesucht wurde, der ihn den «hervorragendsten Arzt der Welt» nannte. Der Patient gab sich selbst keiner Illusion über den Ernst seiner Erkrankung hin, wollte von Dr. Darwin nur erfahren, ob er noch eine gewisse Chance der Gesundung habe. Es handelte sich um einen Fall von offener Tuberkulose in hoffnungslosem Stadium. «Wie lange werde ich noch zu leben haben?» – «Vielleicht zwei Wochen», war die Antwort, «aber weshalb haben Sie, wenn Sie aus London kommen, dort nicht den mit Recht so berühmten Dr. Warren konsultiert?» – «Ach, Doktor», entgegnete der Patient, «ich bin doch Dr. Warren!»

In einem zweibändigen wissenschaftlichen Werk: «Zoonomie oder die Gesetze des organischen Lebens» (1794–96), hat Erasmus Darwin bereits die Idee der Evolution, der Entwicklung der organischen Welt, formuliert. Mit Recht wird diese Arbeit unter den eigentlichen Vorläufern des «Darwinismus» genannt.

Die Mutter: Susannah Darwin, geb. Wedgwood

Wenn Charles Darwin von seinem Vater sprach, leitete er die Erzählung gern mit dem Satz ein: *Mein Vater, welcher der weiseste Mann gewesen ist, den ich je gekannt habe...* Dieser weise Mann war auf jeden Fall auch physisch eine stattliche Erscheinung. *Ungefähr 6 Fuß 2 Zoll (1,88 m) hoch, mit breiten Schultern und sehr korpulent, so daß er der größte Mann war, den ich je gesehen habe. Als er sich zum letztenmal hatte wiegen lassen, wog er 24 Stein (152 kg), er nahm aber später noch an Gewicht zu.*

Es ist für Charles Darwin nicht leicht gewesen, im Schatten dieses gewichtigen Vaters aufzuwachsen.

Der Vater: Robert Waring Darwin

Erst mit acht Jahren kam Charles zur Schule, im Frühling des Jahres (1817), in dem seine Mutter im Juli starb. Sie war Mitglied der Unitarier-Gemeinde zu Shrewsbury und schickte darum ihre Kinder in die dortige Unitarier-Kapelle zum Gottesdienst und in die unter Leitung des Unitarier-Geistlichen Rev. G. Case stehende Vorschule. Noch heute erinnert eine Tafel in dieser Kapelle stolz an den später so prominenten Kirchenbesucher.

Im Rückblick auf diese seine erste Schulzeit berichtet Charles Darwin über sich selbst: *Man hat mir gesagt, daß ich im Lernen viel langsamer gewesen sei als meine jüngere Schwester Catherine, und*

Die Unitarier-Kapelle in Shrewsbury

ich glaube, ich war in vielen Beziehungen ein böser Bube. In der Zeit, als ich in diese Volksschule ging, entwickelte sich meine Neigung für Naturgeschichte und ganz besonders für das Sammeln ganz ordentlich. Ich versuchte die Namen der Pflanzen aufzufinden und sammelte alle möglichen Sachen, Muscheln, Siegel, Francaturen, Münzen und Mineralien. Die Leidenschaft für das Sammeln, welche den Menschen dazu führt, ein systematischer Naturforscher, ein Virtuose oder ein Geizhals zu werden, war sehr stark bei mir und war offenbar angeboren, da keins meiner Geschwister, weder mein Bruder noch meine Schwestern, je diese Neigung gehabt hat. Ein kleines Vorkommnis aus diesem Jahre hat sich meinem Geiste sehr fest eingeprägt, und ich hoffe, daß es dies deshalb getan hat, weil mein Gewissen später sehr davon bedrückt war; es ist deshalb merkwürdig, weil es zeigt, daß ich mich allem Anscheine nach in diesem frühen Alter für die Variabilität der Pflanzen interessiert habe! Ich erzählte einem andern kleinen Jungen (ich glaube, es war Leighton, welcher später ein bekannter Lichenologe und Botaniker wurde), daß ich verschieden gefärbte Polyanthus und Primeln dadurch hervorbringen könne, daß ich sie mit gewissen farbigen Flüssigkeiten begösse, was natürlich eine schauerliche Fabel und niemals von mir versucht worden war. Ich will hier auch bekennen, daß ich als kleiner Junge sehr geneigt war, unwahre Geschichten zu erfinden, und zwar geschah dies immer zu dem Zwecke, Aufregung hervorzurufen. So raffte ich zum Beispiel einmal viel wertvolles Obst von meines Vaters Bäumen zusammen, verbarg es im Gesträuch und rannte dann in atemloser Eile, um die Neuigkeit mitzuteilen, daß ich einen Haufen gestohlenen Obstes gefunden hätte._ Auch das für ein Knabenleben fast unerläßliche Äpfelstehlen-Müssen gehört zu den Erlebnissen seiner Kindheit und wird am Lebensende gewissenhaft in seiner Selbstbiographie gebeichtet.

Nur ein Jahr besuchte Charles die Vorschule. Im Sommer 1818 kam er in Dr. Butlers «große Schule» in Shrewsbury und blieb dort bis zum Sommer 1825, also bis in sein siebzehntes Lebensjahr hinein. Diese Schule war eine Internatsschule. Das bedeutete für Charles Darwin, daß er von nun ab ohne die Geborgenheit, die eine Familie gibt, leben mußte. Er selbst scheint aber – jedenfalls bewußt – die Nestwärme eines Elternhauses nicht besonders entbehrt zu haben. *Ich lebte ganz in der Schule, so daß ich den großen Vorteil genoß, das Leben eines echten Schülers führen zu können; da aber die Entfernung bis zu meinem Vaterhause kaum mehr als eine (englische) Meile betrug, so lief ich sehr häufig in den längeren Pausen zwischen dem Aufgerufenwerden und dem Zuschließen des Abends hinüber. Ich glaube, dies war in vielen Beziehungen für mich von Nutzen, da es meine Anhänglichkeit an das Haus und mein Interesse an ihm lebendig erhielt. Ich erinnere mich aus der ersten Zeit meiner Schulzeit, daß ich oft sehr schnell laufen mußte, um zu rechter Zeit da zu sein, auch war ich, da ich ein schneller Läufer war, meistens erfolgreich; war ich aber im Zweifel, so bat ich Gott ernstlich, mir zu helfen; und ich erinnere mich sehr wohl, daß ich das rechtzeitige Erreichen meinem Gebete und nicht meinem schnellen Laufen zuschrieb und daß ich mich wunderte, wie oft mir geholfen wurde.*

Bei aller Aufgeschlossenheit vor allem für die Natur scheint Charles Darwin als Knabe mehr ein «Träumer» als ein früh entwickeltes Kind gewesen zu sein. Gern unternahm er lange, einsame Spazier-

Charles mit seiner Schwester Catherine, 1816

Die Schule von Dr. Butler in Shrewsbury

gänge. *Ich war oft ganz versunken.* Dabei passierte es einmal, daß er bei einem Ausflug durch die alten Festungswerke von Shrewsbury fehltrat, stürzte und etwa sieben bis acht Fuß in die Tiefe fiel. Es war kein gewaltiger Fall, aber er vermittelte ihm doch ein wichtiges Erlebnis: die Lockerung des Seelischen vom Leiblichen. *Trotzdem war die Zahl der Gedanken, welche während dieses äußerst kurzen, aber plötzlichen und völlig unerwarteten Falles durch meine Seele zogen, erstaunlich groß und scheint kaum mit dem vereinbar zu sein, was die Physiologen, wie ich glaube, bewiesen haben, daß jeder Gedanke einen durchaus erkennbaren Betrag an Zeit erfordert.*

Darwin ist im Alter höchst unzufrieden, daß er in seiner Jugend eine Schule der klassisch humanistischen Bildung absolvieren mußte. Viel lieber hätte er sich an Stelle von Vergil und Homer mit Stoffen, Pflanzen und Tieren beschäftigt. Zu seinem Leidwesen fehlte ihm auch fast jegliche Sprachbegabung. Die einzige Freude bereiteten ihm im letzten Schuljahr horazische Oden, *welche ich in hohem Grade bewunderte.*

Als er die Schule verließ, war er keine große Leuchte, von der seine Lehrer etwas Besonderes erwartet hätten. Man – auch sein Vater – hielt ihn *für einen sehr gewöhnlichen Jungen, eher etwas unter dem Durchschnitt.*

Tief und demütigend traf ihn, daß sein Vater, den er über alles liebte und verehrte, ihn einst tadelte: *Du hast kein anderes Interesse als Schießen, Hunde und Ratten fangen, und Du wirst Dir selbst und der ganzen Familie zur Schande.*

Nun, so negativ sah die Bilanz seiner Jugend in Wahrheit nicht aus. Sobald den Knaben ein Gebiet wirklich interessierte, ging er mit Feuereifer darauf zu und suchte es sich zu eigen zu machen. So begeisterte er sich für die Geometrie Euklids, für naturwissenschaftliche Fragen, über die er in der Schule fast nichts erfuhr, aber auch für Poesie und Dramen von Shakespeare, Byron, Scott und anderen.

Beim Lesen eines Buches über die «Wunder der Welt» ergriff ihn das Fernweh, die Sehnsucht nach fernen Ländern, aber alles wurde von seiner Jagdleidenschaft in den Schatten gestellt. *In der letzten Zeit meines Schullebens wurde ich ein leidenschaftlicher Liebhaber vom Schießen; ich glaube, niemand hätte für die heiligste Sache mehr Eifer zeigen können, als ich für das Schießen von Vögeln hatte.* Als er die erste Schnepfe erlegt hatte, konnte er kaum seine Flinte wieder laden, so sehr zitterten seine Hände vor Aufregung.

Sein Sammeltrieb griff auf Insekten, Käfer und Schmetterlinge über, doch hatte er Hemmungen, Tiere zu töten, um sie dann für eine Sammlung aufzuspießen. Er war froh, wenn die gefundenen Objekte schon zuvor eines natürlichen Todes gestorben waren. Sein Interesse für Vögel begann früh, er war sein Leben lang ein begeisterter Amateur-Ornithologe.

Sein Bruder Erasmus führte ihn im letzten Schuljahr in die Anfangsgründe der chemischen Experimentierkunst ein. Im Geräteschuppen des Gartens wurde ein kleines Laboratorium eingerichtet, in dem die beiden Brüder oft bis spät in die Nacht hinein hantierten. Wieder hatte Charles ein Gebiet der Natur entdeckt, das in ihm weit mehr Interesse erweckte als der ganze Schulbetrieb. Nachdem es sich in der Schule herumgesprochen hatte, daß im Darwinschen Garten geheimnisvolle chemische Experimente gemacht würden, erhielt Charles Darwin von seinen Klassenkameraden den Spitznamen «Gas».

Sein Vater stand unter dem Eindruck, daß ein weiterer Besuch der Schule den Sohn kaum noch fördern könne, und nahm ihn kurzerhand heraus. Da in der damaligen Zeit für das Studium an der Uni-

Die Alte Universität in Edinburgh

versität ein bestandenes Schulexamen nicht erforderlich war, gab es für Darwin kein Hindernis, sofort zu beginnen. Sein Bruder Erasmus befand sich schon seit einiger Zeit als Medizinstudent in Edinburgh. So wurde nun auch Charles vom Vater zu dem gleichen Studium an die dortige Universität geschickt.

Edinburgh (1825–1827)

Darwin wußte, daß sein Vater ein bedeutendes Vermögen besaß, von dem seine Kinder später sorgenfrei leben könnten. Dieses Bewußtsein verminderte den an sich schon nicht großen Studieneifer des angehenden Mediziners. Mit Ausnahme der Chemie fand Darwin die Vorlesungen *unerträglich langweilig* und *fürchterlich*. Das einzige, was sein Interesse vorübergehend fesselte, waren die Besuche im Hospital. Doch hier – beim Anblick fremden Leidens – zeigte sich bald seine allzu weiche Seele. Er nahm an zwei schweren Operationen teil, eine davon an einem Kind. *Ich lief aber davon, ehe sie zu Ende gebracht waren.* Noch Jahre später erinnert er sich an die Pein, die er als Zuschauer bei den – ohne Narkose – vorgenommenen Eingriffen erlitten hatte.

Als nach einem Jahr der Bruder Erasmus Edinburgh verließ, war Charles mehr auf sich selbst gestellt und suchte seine eigenen Wege und Bekanntschaften. In dieser Zeit las er das Werk seines Großvaters «Zoonomia» und erhielt durch dieses Buch die erste Kenntnis von Lamarcks Ideen. Auch lernte er den Zoologen Dr. Grant kennen, der sich gleichfalls mit der Entwicklungstheorie Lamarcks beschäftigte.

Der Professor für Naturgeschichte Robert Jamenson (1774–1854) hatte für Studenten die Plinian Society gegründet. In diesem Kreis trug Darwin seine ersten wissenschaftlichen Arbeiten vor. Sie betrafen kleine Entdeckungen, die er auf Anregung der Zoologen Grant

Hörerkarte, die Darwin zum Besuch der Vorlesungen von Prof. Monro über Anatomie, Physiologie und Pathologie sowie des Edinburgher Krankenhauses (des Königlichen Hospitals) berechtigte

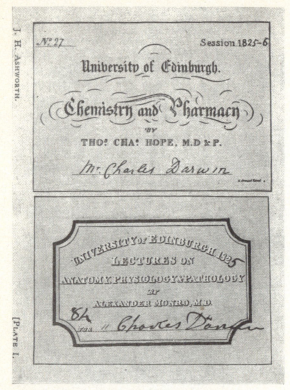

Hörerkarten für die Vorlesungen von Prof. Hope über Chemie und Pharmazie

und Coldstream bei Durchsicht der Beute gemacht hatte, die von der Meeresflut in den Wassertümpeln zurückgelassen oder beim Netzfischen vom Boot aus eingebracht wurde. Dabei entdeckte der Student Darwin, daß die sogenannten Eier von Flustra in Wirklichkeit bewimperte Larven sind. Weiter konnte er nachweisen, daß kleine runde Körper, die man für den Jugendzustand einer Alge gehalten hatte, *die Eikapseln eines wurmartigen Tieres, der Pontobdella muricata*, sind. Das waren keine Großtaten der Wissenschaft, aber sie verrieten doch die besondere Begabung Darwins für sachliche Beobachtung von Naturzusammenhängen. In Edinburgh wurde er Mitglied der Royal Medical Society, deren Versammlungen er regelmäßig besuchte. In einer Sitzung der Royal Society von Edinburgh, an der Darwin als

Gast teilnehmen durfte, erlebte er Sir Walter Scott (1771–1832). Dessen Bescheidenheit machte auf den jungen Darwin einen starken Eindruck.

Ein ihm grenzenlos langweilig erscheinendes Kolleg über Geologie brachte ihn zu dem «Entschluß», ... *niemals solange ich lebe, ein Buch über Geologie zu lesen oder in irgendeiner Weise diese Wissenschaft zu treiben.* Diesem Entschluß ist er nicht lange treu geblieben. Zehn Jahre später war Darwin ein perfekter Geologe. Durch den Kurator des Museums für Naturgeschichte, William Macgillivray (1796–1852), einem hervorragenden Ornithologen, wurde sein Interesse stärker der Zoologie zugewandt, vor allem den Muscheln und anderen Meerestieren.

Wie bei so manchem jungen Studenten waren für Charles Darwin die Erlebnisse während der Ferienzeiten wichtiger als die der Studiensemester. Im Sommer 1826 machte er mit zwei Freunden eine Wanderung mit dem Tornister auf dem Rücken quer durch Nord-Wales. Im Frühjahr 1827 unternahm er eine Reise über Glasgow nach Irland und besuchte Belfast und Dublin. Anschließend durfte er mit seinem Onkel Josiah Wedgwood nach Paris fahren. Es waren dies – abgesehen von seiner Weltumseglung – die einzigen Auslandsreisen, die er von der britischen Insel aus gemacht hat.

Im Herbst ging er auf die Jagd: *Mein Eifer war dabei so groß, daß ich meine Jagdstiefel zum Anziehen fertig an mein Bett zu stellen pflegte ... damit ich nicht eine halbe Minute Zeit beim Anziehen derselben am anderen Morgen verlöre.* Genau führte er Tagebuch über alle Vögel, die er sah, und genoß leidenschaftlich die Freuden der Jägerei. *Ich glaube aber, ich muß doch halb unbewußt über meinen Eifer beschämt gewesen sein, denn ich versuchte mich zu überreden, daß das Schießen beinahe ein intellektuelles Vergnügen sei, es erfordert soviel Umsicht, zu beurteilen, wo das meiste Wild zu finden sei, und die Hunde gut zu führen* – so reflektiert er fünfzig Jahre später über seine «Jugendsünde», das Jagdfieber.

Immer wieder treffen wir ihn in Maer – zwanzig Meilen von Shrewsbury entfernt – bei seinem Onkel Josiah Wedgwood. Ihm war Charles Darwin in großer Verehrung und Liebe zugetan. So sehr er, der mutterlos aufwachsende Knabe, an seinem Vater hing, mehr noch wurde der schweigsame, aber überaus aufrichtige «Onkel Jos» ihm zum Vorbild, an den er sich vertrauensvoll wandte, wenn er Rat suchte. Bei ihm traf er auch im Herbst 1827 den englischen Staatsmann und Historiker Sir James Mackintosh (1765–1832). Verständlich, daß es den Achtzehnjährigen mit Stolz erfüllte, als man ihm die Äußerung Mackintoshs zutrug: «In dem jungen Mann liegt etwas, das mich interessiert.»

Onkel «Jos»: Josiah Wedgwood

Das Haus in Maer bot ihm Erholung und Heimat. *Das Leben war dort vollkommen frei; die Gegend war sehr angenehm zum Spazierengehen wie zum Reiten; und am Abend fand sich oft sehr angenehme Unterhaltung, nicht so persönlicher Art wie es in großen Familiengesellschaften meistens der Fall ist, und auch Musik. Im Sommer pflegte die ganze Familie häufig auf den Stufen der alten Säulenvorhalle zu sitzen, vor sich den Blumengarten. Der steil abfallende bewaldete Abhang gegenüber dem Hause spiegelte sich in dem See, aus dem dann und wann ein Fisch hervorschnellte oder auf dem ein Wasservogel herumruderte. Nichts hat ein lebendigeres Bild in meiner Seele hinterlassen als jene Abende in Maer.*

Der dieses Idyll des Familienlebens in Maer zusammenhaltende Onkel Jos wurde zum Leitbild des jungen Charles Darwin. *Er war der Typus eines aufrichtigen Menschen mit unbestechlichem Urteil. Ich glaube, daß keine Gewalt der Erde ihn dazu vermocht hätte, auch nur einen Zoll breit von dem abzuweichen, was er für den rechten Weg hielt.*

Drei Jahre später sollte Josiah Wedgwood einen entscheidenden Einfluß auf das Schicksal seines Neffen Charles Darwin nehmen.

CAMBRIDGE (1828–1831)

Im Oktober verließ Charles Darwin Edinburgh. Es scheint, als habe sein Selbstbewußtsein unter der Tatsache, daß er vier Semester vergeblich Medizin studiert hatte, nicht sonderlich gelitten. Er fühlte, ein guter Arzt wäre aus ihm kaum je geworden. So folgte er jetzt dem Rat seines Vaters und begann in Cambridge ein Theologie-Studium. Seine nebenberuflichen Interessen wollte er aber keinesfalls aufgeben, vor allem nicht seinen Hang zum Jagen und Schießen oder seiner Neigung zur Naturforschung entsagen. Beides widersprach dem Bild nicht, das man sich seinerzeit vom geruhsamen Leben eines Landgeistlichen machte. Sonntags wird gepredigt, gelegentlich getauft, getraut und beerdigt. Daneben bleibt genügend Zeit, persönlichen Liebhabereien nachzugehen. Aus diesem Grund war Darwin der Gedanke, Landgeistlicher zu werden, sympathisch. Aber es gab für ihn auch die Frage der inneren Redlichkeit. Durfte der Neunzehnjährige sich sagen, er würde das Christentum, für das er sich bis dahin nicht sonderlich interessiert hatte, mit gutem Gewissen auf der Kanzel vertreten können? Diese Frage stellte er sich und erbat darum von seinem Vater eine Bedenkzeit, um zu prüfen, ob sein *Glaube an alle Dogmen der Kirche von England* ausreichend sei. Er setzte sich hin und las ganz ernsthaft theologische Werke, unter anderen von John Pearson «On the Creed». Da in ihm nicht der geringste Zweifel der Bibel gegenüber lebte, er vielmehr von sich selbst bezeugt, daß er an die *strikte und wörtliche Wahrheit jedes Wortes der Bibel* glaube, waren seine eigenen Einwände schnell überwunden. So wurde C h a r l e s D a r w i n, der Mann, der durch sein Lebenswerk dem traditionellen Christentum einen schweren Stoß versetzen sollte, S t u d e n t d e r c h r i s t l i c h e n T h e o l o g i e. Diese paradoxe Tatsache seines Lebens, daß er einmal beabsichtigt hatte, Geistlicher zu werden, erscheint ihm ein halbes Jahrhundert später selbst *spaßhaft*. Offiziell ist diese Berufswahl nie von ihm aufgegeben worden, sie *ist eines natürlichen Todes gestorben, als ich beim*

Christ's College in Cambridge

Verlassen von Cambridge als Naturforscher an Bord der «Beagle» ging. Auf der Schule hatte er es nicht sehr weit gebracht, von gediegenem Schulwissen konnte keine Rede sein. In der Medizin war er gescheitert. Nun stellte sich heraus, daß er in den Edinburgher Jahren auch das Wenige, was er einst an Schulkenntnissen besaß, *faktisch alles und, so unglaublich es auch klingen mag, bis auf ein paar griechische Buchstaben vergessen hatte.* So mußte er sich für die ihm verbleibenden Monate November und Dezember in Shrewsbury einen Privatlehrer engagieren und in einem Schnellkurs versuchen, seinen gesunkenen Bildungsstand, vor allem die Kenntnis der griechischen Sprache, einigermaßen anzuheben. Das Weihnachtsfest 1827 feierte er noch mit den Seinen in Shrewsbury, dann ging er Anfang des Jahres 1828 nach Cambridge. Ein neuer, wesentlicher Abschnitt seines Lebens hatte begonnen.

Der alte Darwin blickte mit *großem Vergnügen* auf seine Studentenjahre in Cambridge zurück und nannte sie *die vergnüglichsten* seines *glücklichen Lebens.* Nie wieder konnte er so frei seinen sehr verschiedenartigen Neigungen folgen, ohne durch geschwächte Gesundheit behindert zu sein. Erst als externer Student, dann als Mitglied des traditionsreichen Christ's College nahm er regen Anteil an dem, was diese einzigartige Universitätsstadt ihm bot. Durch Freunde – Charles Whitley und John Maurice Herbert – wurde eine Seite seines Wesens geweckt, die sonst keine Gelegenheit hatte, zur Geltung zu kommen: der musische Mensch. Er lernte Gemälde und Kupferstiche sehen und lieben und mit Freude Musik zu hören. Oft ging er in die zur Universität gehörenden Fitzwilliam-Galerie und unterhielt sich dort mit dem alten Kurator. War er während der Ferien in London, suchte er in der Nationalgalerie seine neugewonnene Fähigkeit der Kunstbetrachtung zu fördern. Seltsamerweise nennt er in seiner Autobiographie nur den Namen des Italieners Sebastiano del Piombo (1485–1547), der einst mit Michelangelo befreundet war und dessen in London hängendes Gemälde in Darwin *ein Gefühl des Erhabenen* erweckte. Ob es das Bild von der «Auferweckung des Lazarus» war, das ihn so tief anrührte?

Obwohl Darwin der Veranlagung nach unmusikalisch war, entwickelte er doch in der Zeit seines Studiums in Cambridge *eine große Neigung für Musik*. Sie ging so weit, daß er privat die Chorknaben vom King's College engagierte und sich von ihnen auf seinem Zimmer vorsingen ließ. Symphonien von Mozart und Beethoven erfüllten ihn mit reinem Entzücken und ließen ihn das Gefühl des körperlichen Erschauerns empfinden. Auch ging er gern allein in die Kapelle von King's College, um dort die an den Wochentagen gesungene Hymne zu hören. Da ihm aber das exakte musikalische Gehör fehlte, er auch nicht imstande war, eine Melodie fehlerfrei zu summen, geschweige zu singen, hat er sich nie aktiv musikalisch betätigt.

Im übrigen nahm er mit, was das Leben ihm bot. *In Folge meiner Leidenschaft für das Schießen und Jagen und, wenn dies nicht anging, für das Reiten durch das Land, geriet ich in eine Kurzweil treibende Gesellschaft, unter der sich einige liederliche, niedrig denkende junge Leute befanden. Wir pflegten oft am Abend zusammen zu speisen, obschon an diesen Mahlzeiten häufig Männer eines höheren Standes teilnahmen, und tranken zuweilen zuviel, sangen heitere Lieder und spielten später Karten.* Darwin meinte zwar später, sich dieser in solcher Art verbrachten Tage und Abende schämen zu müssen, im Grunde aber blickte er doch *mit großem Vergnügen auf diese Zeiten* zurück, wozu er sicher allen Anlaß hatte. Denn schließlich gehörten die Cambridger Jahre zu den reichsten seines an sich so reichen Lebens.

In dieser Zeit ergriff ihn auch die Leidenschaft, Käfer zu sammeln. Keiner anderen Tätigkeit ist Darwin in Cambridge mit soviel Eifer und Ausdauer nachgegangen wie dieser. Dabei kam es ihm gar nicht auf *höhere Gesichtspunkte* an, sondern allein auf den Seltenheits-

Professor Johns Stevens Henslow

wert des gefundenen Objekts. Er ging soweit, sich einen Arbeiter anzustellen, der im Winter Rinde und Moos von den Bäumen abkratzen mußte, um die darunter befindlichen Käfer einzusammeln. Auch der Boden der Boote, die aus den Mooren und Sümpfen Schilf nach Cambridge brachten, wurde auf die im Abfall vorhandenen Käfer durchsucht. Den Höhepunkt seines Entzückens erlebte Charles Darwin, wenn er in einer englischen Zeitung für Insekten unter den abgebildeten Käfern *die magisch wirkenden Worte sah:* «gefangen von C. Darwin, Esq.».

Mit Theologie hatte diese Insekten-Sammel-Leidenschaft ja wohl nichts zu tun – und seltsamerweise stand er mit dieser Leidenschaft nicht allein. Er selbst nennt zwei Männer, die der gleichen Sucht verfallen waren, und kommt zu dem erstaunlichen Schluß: *Es scheint daher, als wenn die Neigung zum Käfersammeln einen Hinweis auf späteren Erfolg im Leben darböte.* Heute könnte Darwin in dem in seiner Jugend eifrig Käfer sammelnden Teilhard de Chardin einen weiteren Beweis für seine mit exakter Naturwissenschaft kaum zu begründenden These sehen.

So vielen Altersgenossen und Lehrern sich Darwin in Cambridge verbunden hat, die er zum Teil als Freunde auf Lebensdauer gewann, alles wird übertroffen von der Begegnung mit dem dreizehn Jahre älteren Johns Stevens Henslow (1796–1861). Dieser war Theologe und Geistlicher der Anglikanischen Kirche, hielt aber gleichzeitig in Cambridge Vorlesungen als Professor der Botanik. Als solchen lernte Darwin ihn zunächst kennen; bald wurde er sein persönlicher Lehrer und Freund. Darwin schätzte seine Vorlesungen besonders *wegen ihrer außerordentlichen Klarheit und der wundervollen Illustrationen.* Mit noch größerer Begeisterung erfüllten ihn die Exkursionen, die Henslow mit seinen Schülern zu Fuß, per Wagen oder mit einem Boot unternahm. In jeder Woche hielt Henslow freitags «offenes Haus», in dem Studenten, auch einige Professoren, soweit sie Beziehungen zu den Naturwissenschaften hatten, sich zu Vortrag und Gespräch versammelten. Darwin wurde von seinem Vetter William Darwin Fox, im allgemeinen nur Fox genannt, in diesen Kreis eingeführt. Von da ab ging er regelmäßig zu den Zusammenkünften, und es dauerte nicht lange, da war Darwin mit Henslow so vertraut, daß er ihn stets auf seinen Spaziergängen begleitete. Wer seinen Namen nicht kannte, bezeichnete ihn einfach als den Menschen, *welcher mit Henslow spazierengeht.* Auch durfte er des Abends häufig mit der Familie Henslow dinieren.

Nach seinem Vater Dr. Robert Darwin und seinem Onkel Josiah Wedgwood war es nun Henslow, der stärksten Einfluß auf den bildungs- und entwicklungsfähigen Jüngling nahm. Henslows Kenntnisse als Naturwissenschaftler hatten noch jene umfassende Vielfalt, die für die führenden Männer der ersten Hälfte des vorigen Jahrhunderts charakteristisch war. So kannte er sich nicht nur – gemäß dem damaligen Stand der Naturwissenschaft – in Botanik und Zoologie (Entomologie!) aus, sondern überblickte auch das, was in Chemie, Mineralogie und Geologie erarbeitet wurde. *Sein stärkstes Talent bestand darin, aus lange fortgesetzten minuziösen Beobachtungen Folgerungen zu ziehen. Sein Urteil war ausgezeichnet...*

Das so stark Beeindruckende an Henslow muß sein lauterer Charakter gewesen sein. *Seine moralischen Eigenschaften waren nach allen Richtungen hin bewundernswert. Er war frei von jeder Spur von Eitelkeit und anderen kleinlichen Gefühlen; und ich habe niemand sonst gesehen, welcher so wenig an sich selbst und an das, was ihn betraf, dachte. Seine Stimmung war unzerstörbar gut... Er war tief religiös.* Darwin verdankte Henslow viel, vor allem aber eine große Stärkung seines Selbstbewußtseins. Auf eine solche Hilfe war er angewiesen, denn schließlich hatte er, im Schatten der stark ausgeprägten Persönlichkeit seines Vaters aufgewachsen, noch nichts Sonderliches geleistet. Auf der Schule gehörte er zum mittleren Durchschnitt und hatte es, wie wir sahen, zu keinem Abschluß gebracht. In Edinburgh hatte er, in den Augen seines Vaters, zwei wertvolle Jahre vertrödelt. Jetzt meldete sich sein Gewissen, und er suchte in dieser Zeit, seinem Vater möglichst aus dem Weg zu gehen. Nun studierte er Theologie, so gut und schlecht es ging, wenn auch sein Herz den geschilderten Neigungen, vor allem aber der allgemeinen Naturkunde gehörte. Sein Vor-Examen, das sogenannte Little-Go bestand er mit Leichtigkeit. Dann galt es, den Grad eines Baccalaureus Artium (B. A.) zu erwerben. Es spricht für die Vielseitigkeit der damaligen Theologen-Ausbildung, daß neben der eigentlichen Theologie von einem Geistlichen der Anglikanischen Kirche auch Prüfungen in den klassischen Sprachen und in Geschichte, in Algebra und Geometrie abzulegen waren. Gleich manchem anderen Biologen war Darwin wohl für die euklidische Geometrie begabt, nicht aber für Algebra und reine Mathematik. ...*In späteren Jahren habe ich es tief bedauert, daß ich nicht weit genug gekommen war, um wenigstens etwas von den großen leitenden Grundsätzen der Mathematik zu verstehen, denn in dieser Weise ausgerüstete Leute scheinen noch einen Extra-Sinn zu besitzen. Ich glaube aber nicht, daß es mir gelungen sein würde, bis über eine sehr niedere Stufe hinauszukommen.*

Für die Theologie selbst scheint es genügt zu haben, wenn der Prüfling sich den Inhalt der beiden Hauptwerke des englischen Theologen William Paley (1743–1805) einverleibt bzw. auswendig gelernt hatte, «Beweise für das Christentum» und «Moralphilosophie». *Ich zweifelte damals nicht an Paleys Voraussetzungen; und da ich diese auf Treu und Glauben annahm, so war ich von der umständlichen Beweisführung entzückt und überzeugt.*

Als Zehnter in der Rangliste seines Jahrgangs bestand Darwin Anfang Januar 1831 sein Bakkalaureus-Examen, wodurch ihm der Beruf als Geistlicher der Anglikanischen Kirche offenstand. Vorerst aber blieb er noch zwei Semester in Cambridge.

Noch intensiver als zuvor wurde nun sein Umgang mit Henslow, der ihm nahelegte, ein weiteres Studium – Biologie – zu absolvieren.

Überdies brachte er ihn mit dem Geologen Adam Sedgwick (1785 bis 1872) zusammen. Entgegen seinem in Edinburgh gefaßten Entschluß, sich nie wieder mit Geologie zu beschäftigen, erwachte nun seine Liebe für dieses wichtige Fach der Naturkunde. Neben Henslow war es Sedgwick, dem Darwin seine weitere Ausbildung und Schulung zum Naturforscher verdankte. Von ihm lernte er im lebendigen Beispiel, *daß Wissenschaft im Zusammenfassen von Tatsachen besteht, so daß allgemeine Gesetze oder Schlüsse aus ihnen gezogen werden können.*

Darwin beteiligte sich an mehreren Exkursionen, um die geologischen Verhältnisse der britischen Insel kennenzulernen – so nach Shropshire – und faßte den Plan, zu Forschungszwecken ins Ausland zu gehen.

*Adam Sedgwick,
Professor für Geologie*

Frei von dem Druck, sich auf ein Examen vorbereiten zu müssen, las er jetzt Bücher, die seinen Neigungen mehr entsprachen als die Pflicht-Lektüre, die er zuvor hatte absolvieren müssen. Neben Sir John Herschels Einleitung in die Naturwissenschaft war es vor allem Humboldts Reisebeschreibung, die ihn brennend interessierte. Er selbst meint, daß diese beiden Bücher wesentlich dazu beigetragen haben, in ihm den Wunsch zu erwecken, einen Beitrag – *und wenn auch nur den allerbescheidensten* – für die weitere Erforschung der Naturreiche zu liefern.

Aus Humboldts Buch schrieb er sich lange Passagen ab, in denen Teneriffa beschrieben wird, und las sie auf einer Exkursion Henslow und seinen Begleitern vor. Der damals auftauchende Plan, selbst nach Teneriffa zu reisen, wurde nicht verwirklicht, weil bald darauf das Schicksal Darwins eine ungewöhnliche Wendung nahm.

Anfang 1831 beteiligte sich Darwin an einer Exkursion Sedgwicks durch Nord-Wales. Als er von dort in sein Vaterhaus in Shrewsbury zurückkehrte, fand er einen Brief von Henslow vor, der ihm schrieb, es werde ein junger Naturforscher zur Teilnahme an einer Forschungsfahrt gesucht. Es handle sich dabei um die Aufgabe,

Kapitän Robert Fitz Roy

den südlichen Teil des Feuerlandes zu vermessen und dann über Ostindien zurückzukehren. Die Gesamtkosten der Expedition würden von der englischen Regierung getragen, die auch das Segelschiff «Beagle» unter Kapitän Fitz Roy zur Verfügung stelle. Der gesuchte Naturforscher solle jedoch ohne Bezahlung teilnehmen. Der Kapitän sei bereit, seine Kabine mit ihm zu teilen. Die Ausrüstung der Reise wurde maximal auf 500 Pfund geschätzt. *Die Verpflegung mußte mit 30 Pfund im Jahre vom Teilnehmer selbst beglichen werden.*

Diese Anfrage war über den früheren Dekan von Ely, dem derzeitigen Professor der Astronomie in Cambridge, George Peacock, an Henslow gelangt, der sie sofort an Darwin mit dem Bemerken weitergab: «Ich habe ausgesprochen, daß ich Sie für die bestqualifizierte Person unter denen, die ich kenne, halte... Ich spreche dies aus, nicht in der Voraussetzung, daß Sie ein fertiger Naturforscher, sondern reichlich dazu qualifiziert sind, zu sammeln, zu beobachten und alles, was einer Aufzeichnung auf dem Gebiete der Naturgeschichte wert ist, aufzuzeichnen... Tragen Sie sich nicht mit irgendwelchen bescheidenen Zweifeln oder Befürchtungen über Ihre Untüchtigkeit, denn ich versichere Ihnen, ich meine, Sie sind gerade der Mann, welchen sie suchen! So betrachten Sie sich auf die Schulter geklopft von Ihrem Büttel und herzlich ergebenen Freunde J. S. Henslow.»

Charles Darwin spürte sofort, daß ihm das Schicksal hier eine ungewöhnliche Chance bot. Er war erpicht, das Angebot anzunehmen, aber sein Vater machte ernsthafte Einwendungen und milderte seinen Widerstand nur mit den Worten: «Wenn du irgendeinen Mann von gesundem Menschenverstand finden kannst, der dir den Rat gibt, zu gehen, so will ich meine Zustimmung geben.» Trotz dieser Einschränkung schlug Darwin als gehorsamer Sohn das Anerbieten aus. *Selbst wenn ich gehen sollte, so würde mir der Umstand, daß es mein Vater nicht gerne sieht, alle meine Energie rauben, und davon dürfte ich doch einen guten Vorrat brauchen.* Da aber legte sich sein Onkel Josiah Wedgwood für ihn ins Zeug, der Vater nahm seine Einwände zurück, und einen Tag später fuhr Darwin zu Henslow nach Cambridge und von dort nach London zu Kapitän Fitz Roy. *Alles war bald abgemacht.*

Einfahrt in den Hafen von Plymouth

DIE WELTREISE
(27. Dezember 1831 – 2. Oktober 1836) [4]

Darwins Schicksal hatte die entscheidende Wendung genommen. Er selbst urteilt später: *Die Reise mit der «Beagle» ist bei weitem das wichtigste Ereignis in meinem Leben und hat meine ganze Laufbahn bestimmt.*

Unterwegs, nachdem Fitz Roy und Charles Darwin einander näher kennengelernt hatten, erfuhr Darwin, daß seine Einstellung durch den Kapitän nicht problemlos erfolgt war. Fitz Roy, ein eifriger Anhänger der Physiognomik von Lavater, übte sich, aus der Formung des Antlitzes auf den Charakter eines Menschen zu schließen, und ihm hatte die etwas knollige Nase Darwins nicht gefallen, so daß *er es bezweifelte, ob irgend jemand mit meiner Nase hinreichende Energie und Entschlossenheit für diese Reise besitzen könne.*

Startort für die Reise war Plymouth mit dem Hafen Davenport. Dort stattete Darwin der «Beagle» und ihrem Kapitän am 11. September 1831 einen ersten flüchtigen Besuch ab. Nach ausgiebigem Abschied von seinem Vater, den Schwestern und Verwandten und einem Aufenthalt in London traf er am 24. Oktober erneut in Plymouth ein. Die darauffolgenden zwei Monate Wartezeit bis zur endgültigen Abfahrt sind ihm bitter schwergeworden. Die Unsicherheit, ob er körperlich und geistig den Anforderungen einer solchen Weltreise gewachsen sein würde, machte ihm sehr zu schaffen. Hinzu kam das schmerzliche Gefühl, auf drei Jahre – es wurden in Wirklichkeit fünf – von allem, was ihm lieb und Heimat war, getrennt zu sein. Schlechtes Wetter, die dürftigen Verhältnisse des Hafenviertels und auch der reizbare Charakter des Kapitäns Fitz Roy, den er in dieser Wartezeit schon etwas näher kennenlernte, taten das ihre, um die anfängliche Begeisterung des zweiundzwanzigjährigen Weltreisenden kräftig zu dämpfen. Dazu kam die Angst vor der Seekrankheit, für die er, wie er wußte, anfällig war. *Diese zwei Monate in Plymouth waren die elendsten, welche ich je verlebt habe, obwohl ich mich in verschiedenen Beziehungen anstrengend beschäftigte.*

Es ist viel über Darwins Gesundheit und Krankheit geschrieben und diskutiert worden. Es soll nichts Abträgliches ausgesprochen werden, wenn auf eine leicht hysterische Komponente seines Wesens hingewiesen wird, die sich in seinem Lebensablauf immer wieder geltend machte. So übertrug sich die Stimmung der Niedergeschlagenheit dieser Wartewochen in Plymouth auf seine Leiblichkeit. *Der Gedanke, meine ganze Familie und alle meine Freunde auf eine so lange Zeit zu verlassen, versetzte mich in sehr niedergeschlagene Stimmung, und das Wetter schien mir unaussprechlich trübe. Ich wurde auch durch Herzklopfen und Schmerzen in der Herzgegend beunruhigt und war wie so viele unwissende junge Leute, besonders wie*

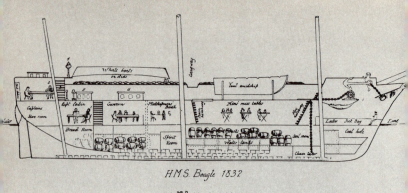

Schnitt durch den Dreimaster H.M.S. «Beagle»

solche mit oberflächlichen medizinischen Kenntnissen, überzeugt, daß ich einen Herzfehler habe. *Ich habe keinen Arzt konsultiert, da ich vollständig überzeugt war, von ihm hören zu müssen, daß ich zur Reise untauglich sei, und doch war ich entschlossen, unter allen Umständen zu gehen.* In dieser rückblickenden Selbstdarstellung hat Darwin den Zwiespalt zwischen dem ängstlichen Hypochonder und dem entschlossenen, zielstrebigen Willensmenschen als Grundzug seines eigenen Charakters treffend beschrieben.

Je länger sich die Abfahrt von Plymouth verzögerte, um so größer wurde seine Unruhe. Er war der Verzweiflung nahe.

Am 3. Dezember geht Darwin schließlich an Bord der «Beagle», aber wieder verhindert schlechtes Wetter den Start. Ursprünglich war der 4. November als Abreisetag in Aussicht genommen worden. Doch erst am 20. Dezember wird ein erster Versuch unternommen, den Hafen zu verlassen. Es gelingt nicht; sie müssen umkehren. Am 21. Dezember erleben sie das gleiche: der Wind steht gegen sie. Weihnachten sind sie immer noch in Plymouth. Endlich, am 27. Dezember, erreichen sie die offene See und in schneller Fahrt an der Südküste von England entlang den Atlantik.

Im Überschwang seiner Vorfreude auf die Weltreise hatte Darwin – im Hinblick auf den Tag ihrer gemeinsamen Abreise – an Kapitän Fitz Roy geschrieben: *Mein Leben wird damit zum zweitenmal beginnen, und er wird für mein übriges Leben wie ein Geburtstag sein.* Das war keine Übertreibung. Nach dem Medizinstudenten von Edinburgh versank nun auch der Theologie-Bakkalaureus aus Cambridge. Mit der Ausfahrt aus dem Hafen von Plymouth trat der Naturforscher Charles Darwin auf den Plan.

Das eigentliche Ziel der Expedition war die Südspitze Südamerikas: Patagonien und Feuerland. Dort galt es, die unter Kapitän King in den Jahren 1826 bis 1830 begonnenen Landes-Aufnahmen zu vollenden und dann an der Westseite des amerikanischen Erdteils nordwärts steuernd die Küsten von Chile, Peru und einiger Südsee-Inseln zu vermessen sowie weitere *chronometrische Maßbestimmungen rund um die Erde auszuführen.*

Es ist gewiß keine Kleinigkeit, mit einer Crew von 66 Männern fünf Jahre lang auf so engem Raum zusammenzuleben, wie es auf einem Segelschiff von 242 Tonnen erforderlich ist. Daß es ohne wesentliche Schwierigkeiten gelang, ist wohl in erster Linie der überlegenen Führung Kapitän Fitz Roys zu verdanken gewesen. Mit Strenge und Selbstdisziplin wußte er sich die notwendige Autorität vom ersten Tag an zu verschaffen und sie unangetastet während der ganzen Reise zu bewahren. *An Bord wird nicht gezankt, was wohl etwas heißt. Der Kapitän hält alles nieder, dadurch, daß er der Reihe nach einen wie den anderen einmal vornimmt.*

Ein besonderes Problem allerdings gab die Enge der Kajüte auf. Fünf Jahre lang – unterbrochen nur von Landaufenthalten – spielte sich das Leben der Besatzungsmitglieder auf kleinstem Raum ab. Nur peinlichste Ordnung machte das Dasein, in ständiger und unmittelbarer Tuchfühlung mit dem Nächsten, einigermaßen erträglich. Darwin wußte aus der Not eine Tugend zu machen: *Zu meiner großen Überraschung finde ich, daß ein Schiff eigentümlich behaglich für alle Arten von Arbeit ist. Alles ist so dicht bei der Hand und da man so eingezwängt ist, wird man so methodisch, daß ich auf die Länge nur der Gewinnende bin. Ich habe schon gelernt, das Auf-das-Meer-Gehen als ein Gehen nach einem ordentlichen ruhigen Orte zu betrachten, wie nach Hause zu gehen nach einer Abwesenheit.*

Darwin hatte an Bord eine Sonderstellung. Allein die Tatsache, daß er mit dem Kapitän die Kajüte teilte und mit ihm gemeinsam speiste, hob ihn selbst über die Offiziere hinaus und gab ihm ein solches Ansehen, daß er zunächst von den «Mitschiffleuten» mit «Sir» angeredet wurde. Trotzdem bildeten sich bald, insbesondere mit den jüngeren Offizieren, die in späteren Jahren höhere Ränge in der britischen Marine bekleideten, herzliche Freundschaften. Die Admirale Sir James Sullivan und John Lort Stokes blieben ihm bis zu seinem Tode freundschaftlich verbunden. In aller Erinnerung lebte Darwin als der «liebe alte Philosoph» oder der «Fliegenfänger», wie er gelegentlich von der Besatzung weniger respektvoll genannt wurde, als äußerst angenehmer Reisebegleiter. So erinnert sich Admiral Sullivan: «Ich kann sagen, daß wir während der fünf Jahre auf der ‹Beagle› ihn niemals schlechter Laune gesehen noch gehört haben,

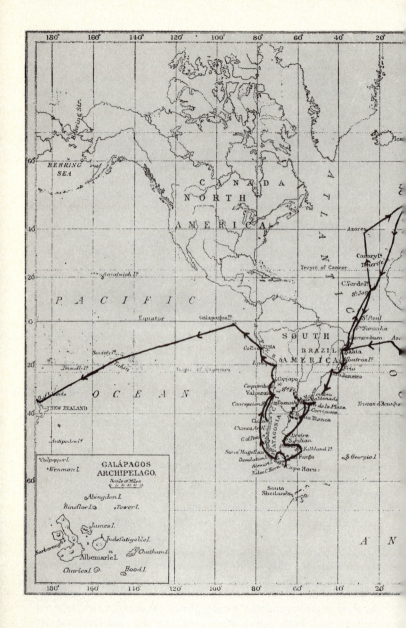

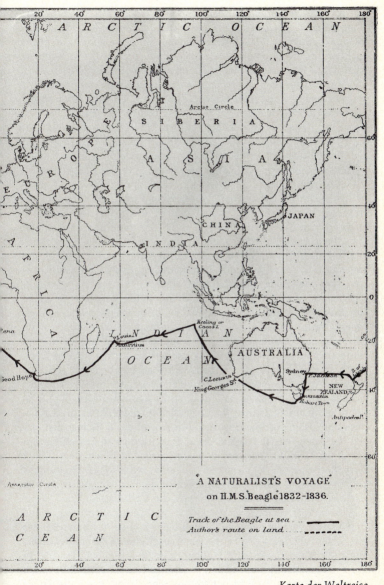

Karte der Weltreise

daß er ein unfreundliches oder übereiltes Wort über oder gegen irgend jemand geäußert hätte.» Und Admiral Mellersh: «Ich glaube, es war der einzige Mensch, den ich jemals kennengelernt habe, gegen welchen ich nie ein Wort habe sagen hören; und da Leute, wenn sie fünf Jahre lang auf einem Schiff miteinander eingeschlossen sind, leicht sich verzanken, so ist damit viel gesagt.» Admiral Stokes war es, der wenige Tage nach Darwins Tod einen Offenen Brief an die «Times» schrieb, um den großen Verstorbenen auf diese Weise zu ehren. In diesem Brief, wie auch in den Erinnerungszeugnissen anderer Fahrtteilnehmer, wird des Umstandes gedacht, daß Darwin auf der Reise besonders unter der Seekrankheit zu leiden hatte. Länger als eine Stunde war es ihm bei etwas bewegter See kaum möglich, Arbeiten, zum Beispiel mit dem Mikroskop, durchzuführen. Er pflegte in solchen Fällen zu sagen: *Alter Freund, ich muß ihr* (der Seekrankheit) *horizontal ausweichen*, und dann legte er sich der Länge nach auf den Kartentisch. So fand er Erleichterung und nach einiger Zeit setzte er die Arbeit fort, bis er sich von neuem hinlegen mußte.

Die Reisegefährten bewunderten die ausdauernde Energie, mit der er seine, von der allgemeinen Zielsetzung der Expedition abweichenden, speziellen Ziele konsequent verfolgte.

Zunächst verlief die Fahrt für Darwin wenig glückhaft. Schon in der Biskaya hatte ihn die Seekrankheit so mächtig gepackt, daß er, einer Ohnmacht nahe, in elendem Zustand in seine Hängematte flüchtete. Die Hoffnung, Madeira zu betreten, schlug fehl. Bei hohem Seegang und ungünstigem Wind mußten sie vorübersegeln. Dann tauchten die Umrisse der Kanarischen Inseln auf, denen seit dem Studium von Alexander von Humboldts Reisebeschreibung Darwins Sehnsucht galt. Trotz seines schlechten Zustands bereitete er sich an Hand des Humboldtschen Werkes, das er bei sich führte, auf den Besuch der Inseln vor. Sie erreichten am Abend des 6. Januar den Hafen der Insel Teneriffa, Santa Cruz. Zur allgemeinen großen Enttäuschung aber mußten sie sofort weitersegeln, da ihnen wegen einer dort herrschenden Choleraepidemie eine zwölftägige Quarantäne drohte. Nur aus erhabener Höhe grüßte der Pik von Teneriffa, das Ziel der Cambridger Träume Darwins, die Vorbeisegelnden.

Von nun ab wandte sich das Glück den Weltumfahrern zu. Wind und Wetter wurden günstig. Darwin befestigte am Heck des Schiffes ein Schleppnetz, das ihm reiche Beute an Seetieren einbrachte. Seine Jugendliebhaberei, die er in Edinburgh geübt hatte, trug Früchte. In der zoologischen Systematik fand er sich so weit zurecht, daß er nach wissenschaftlichen Gesichtspunkten sammeln und dann die Funde ordnen konnte.

Nach zehn Tagen, am 16. Januar, gehen sie in Porto Praya, der

Faksimile aus einer Tagebuchseite, 1837

Hauptstadt der Kapverdischen Insel St. Jago, erstmalig an Land. Drei Wochen geben sich Forscher und Besatzung dem Zauber dieser im tropischen Sonnenlicht blühenden Insel hin. *Die Zeit ist auf die reizvollste Weise vergangen, es kann faktisch nichts Angenehmeres geben: außerordentlich geschäftig und dies Geschäft ist sowohl Pflicht als zugleich großes Entzücken... Nur ein Mensch, der ein Freund der Naturgeschichte ist, kann sich das Vergnügen vorstellen, das man fühlt, wenn man unter Kokospalmen in einem Dickicht von Bananen und Kaffeepflanzen und einer endlosen Zahl wilder Blumen hinschlendert.* Auf St. Jago erwacht auch sein in Edinburgh zunächst verschüttetes, in Cambridge durch Sedgwick neu belebtes Interesse für Geologie. *In einer vulkanischen Gegend zu geologisieren ist herrlich.* Auf Grund der eigenen Wahrnehmungen und unter dem Einfluß Charles Lyells, dessen erster Band des grundlegenden Werkes «Principles of Geology» in Darwins kleiner Schiffsbibliothek stand und den er eifrig studierte, entwickelte sich der bisherige Theologiestudent in Kürze zu einem durch sich selbst geschulten Fachmann der Geologie. Im Rückblick auf seine während der Weltreise getanen ersten Schritte in dieser Wissenschaft bekennt er: *Ich bin stolz darauf, mich dessen zu erinnern, daß der erste Ort, wo ich geologische Beobachtungen anstellte, nämlich St. Jago im Kapverdischen Archipel, mich davon überzeugte, daß Lyells Ansichten denjenigen, welche in allen anderen mir bekannten Werken verteidigt wurden, weit überlegen waren.* Darwins Briefe und Tagebuchaufzeichnungen sowie seine Veröffent-

Rio de Janeiro, 1819

lichungen über Korallenriffe (1842), über Inseln vulkanischen Ursprungs (1844) und über die geologischen Verhältnisse von Südamerika (1846) legen Zeugnis ab von der Intensität, mit der er die Wissenschaft Sedgwicks und Lyells fast ausschließlich auf autodidaktem Wege sich angeeignet hat. Bescheiden charakterisiert er: *Geologie ist eine vorzügliche Wissenschaft für den Anfang, da sie nichts weiter erfordert, als etwas Lesen, Denken und Klopfen.* Darwin hat nicht nur Lyells Buch gelesen, er hat auch kräftig mit dem Geologen-Hammer geklopft und die Fülle seiner Wahrnehmungen durchdacht. Als er 1836 heimkehrte, war er der verständnisvollste Kenner der geologischen Verhältnisse Südamerikas, den es seinerzeit gab.

Nach kurzen Aufenthalten am Vogelfelsen St. Paul und der brasilianischen Sträflingsinsel Fernando Noronha betreten die Weltumsegler in Bahia, heute São Salvador, erstmals südamerikanischen Boden. Darwins Begeisterung kennt keine Grenzen. *Meine Seele ist, seitdem ich England verlassen habe in einem wahren S t u r m w i n d von Entzücken und Erstaunen gewesen, und bis zu dieser Stunde ist kaum eine Minute im Nichtstun hingegangen.* Vor allem ist es der tropische Urwald, dessen Pflanzen ihn mit großer Freude und dem Gefühl der Erhabenheit erfüllen. *Wenn ich auf dem Lande bin und in den erhabenen Wäldern herumwandere, von Ansichten umgeben, prachtvoller als sie sich selbst Claude jemals vorstellte, dann empfin-*

de ich ein Entzücken, welches niemand verstehen kann, als diejenigen, die es selbst erfahren haben. In ähnlicher Form äußert er sich in manchem Brief, spricht sogar von einem *Delirium des Entzückens.* An seinen Lehrer und Freund Henslow schreibt er von Rio de Janeiro aus: *Hier sah ich zuerst einen tropischen Wald in all seiner erhabenen Großartigkeit – nichts als die Wirklichkeit selbst kann eine Idee davon geben, wie wunderbar, wie prachtvoll die Szene ist ... Ich habe niemals ein so intensives Entzücken erfahren. Ich bewunderte früher Humboldt, jetzt bete ich ihn beinahe an; er allein gibt einen Begriff von den Empfindungen, welche in der Seele erregt werden beim ersten Betreten der Tropen.* Und immer wieder sind es die geologischen Formationen, die neben Pflanzen und Tieren sein ganzes Interesse beanspruchen. Jetzt kommt ihm zugute, daß er sich in Cambridge auf Kosten seines Theologie-Studiums von Henslow in die Pflanzenwelt einweisen ließ und mit Sedgwick Wales durchwanderte und sich so einen Blick für geologische Schichtungen aneignete. Auch seine frühe Liebe zur Vogelkunde, sein Eifer beim Sammeln von Käfern und Schmetterlingen, seine Meerestierstudien in Edinburgh – all das trug nun Frucht. Die von ihm angelegten Sammlungen an Gesteinen, Herbarpflanzen und Tieren hätten genügt, Darwin unter den Naturforschern seiner Zeit einen guten Namen zu verschaffen, auch wenn er nie mit der Evolutions-Idee hervorgetreten wäre.

So sehr das gute Verhältnis zwischen Kapitän Fitz Roy und Charles Darwin sich für die ganze Unternehmung von fünf Jahren bewährte, war es natürlicherweise nicht frei von Spannungen. Schon in Bahia kam es zu einer ersten, ernsthaften Auseinandersetzung zwischen den beiden Männern. Es ging um die in Brasilien praktizierte Sklavenhaltung. Darwin verabscheute sie aus tiefster Seele, Fitz Roy *verteidigte die Sklaverei und pries sie hoch; er erzählte mir, er habe soeben einen großen Sklavenbesitzer besucht, der viele seiner Sklaven aufgerufen und sie gefragt hätte, ob sie glücklich wären und ob sie wünschten, frei zu sein, worauf sie alle mit «Nein» geantwortet hätten.* Spöttisch fragte Darwin zurück, ob er meine, daß eine solche Antwort in Gegenwart des Sklavenhalters irgendeinen Aussagewert habe. Dieser Einwand erzürnte den Kapitän derart, daß er ihm erregt erklärte, ein weiteres Zusammenleben an Bord sei unmöglich. Darwin nahm diese «Kündigung» ihrer Gemeinsamkeit ernst, aber schon nach wenigen Stunden schickte Fitz Roy einen Offizier mit einer Entschuldigung und der Bitte zu Darwin, er möge doch weiterhin die Kajüte mit ihm teilen.

Man darf es als charakteristisch für Darwin nehmen, daß diese erste Feuerprobe der Freundschaft mit Fitz Roy sich gerade am Problem der Sklaverei entzündete. Denn er suchte nicht nur für sich selbst das Ideal der innerlich und äußerlich freien Persönlichkeit innerhalb der Gesellschaft zu verwirklichen, sondern sie auch jedem anderen – wenigstens dem Prinzip nach – zu ermöglichen. Sein Haß gegen die Sklaverei war echt und in seinem Charakter fest gegründet. An seine jüngere Schwester Catherine schreibt er aus Maldonado (Rio Plata) am 22. Mai 1833: *Ehe ich England verließ, wurde mir gesagt, alle meine Ansichten würden sich ändern, sobald ich in Sklavenländern gelebt hätte; die einzige Änderung, deren ich mir bewußt bin, ist, daß ich den Charakter der Neger viel höher schätzengelernt habe. Es ist unmöglich, einen Neger zu sehen und nicht freundlich gegen ihn gestimmt zu sein: ein so gemütvoller, offener, ehrlicher Ausdruck und so schöne muskulöse Körper!* Er nennt in einem Brief an seinen Freund John Maurice Herbert die Sklaverei einen *monströsen Schandfleck auf unserer gerühmten Freiheit* und fährt fort: *Ich habe genug von der Sklaverei und den Anlagen der Neger gesehen, um gründlich von den Lügen und dem Unsinn angewidert zu werden, den man über diese Angelegenheit in England hört.*

Fast drei Wochen blieben sie in Bahia. Von da ab ging die Fahrt

Brücke in Maldonado

südwärts, dem Verlauf der Ostküste Südamerikas folgend. Der nächste Landeplatz ist Rio de Janeiro. Darwin unternimmt sogleich mit einigen anderen eine Landreise und ist begeistert von der Schönheit des Landes, seiner Wälder mit den strotzenden Baumfarnen, den Schmetterlingen, Ranken- und Blütenpflanzen. *Es ist wohl leicht, die individuellen Gegenstände der Bewunderung in diesen großartigen Szenen einzeln namhaft zu machen; unmöglich aber ist es, eine einigermaßen entsprechende Idee jener höheren Gefühle der Bewunderung, des Erstaunens und der Andacht zu geben, welche die Seele des Reisenden erfüllen und erheben.* Hier sieht er unter anderem auch blutsaugende Vampire, deren Existenz er bis dahin nur aus Sagen kannte. Prophetisch ahnt er, welche Möglichkeiten das Kaffee-Land Brasilien für die Zukunft birgt. *Überblickt man die ungeheure Flächenausdehnung Brasiliens, so verschwindet beinahe das Stückchen kultivierten Landes im Vergleich zu dem, was noch im Naturzustand sich findet: welche ungeheure Bevölkerung wird dies in späteren Zeiten tragen können!*

Für die übrige Zeit seines Aufenthalts in Rio de Janeiro nimmt er Wohnung in einem kleinen Haus an der Botafogo-Bucht. Von hier aus durchstreift er das Land. Die Überfülle der Natureindrücke überwältigt ihn fast. Nur mit Anstrengung gelingt es ihm, das Bewußtsein eines die Einzelheiten der Natur nüchtern beobachtenden Forschers zu bewahren. Das früher vorgenommene, aufmerksame Studium von Humboldts Reisebeschreibungen hilft ihm, das Ganze der Erscheinungen mit offener Seele und künstlerischem Blick aufzunehmen und gleichzeitig den Sinn für das Spezielle und Besondere zu schärfen: *Während dieses Tages fiel mir eine Bemerkung Humboldts ganz besonders auf, welcher häufig «den feinen Dunst» erwähnt, der, ohne die Durchsichtigkeit der Luft zu verändern, ihre Farbtöne harmonischer macht und deren Wirkungen mildert. Dies ist eine Erscheinung, welche ich in gemäßigten Zonen nie beobachtet habe.* In Brasilien findet er diese Wahrnehmungen Humboldts bestätigt: *Die Atmosphäre war, aus einer kleineren Entfernung von einer halben oder dreiviertel Meile durchblickt, vollkommen klar, in einer größeren Entfernung aber verschmolzen alle Farben zu einem außerordentlich schönen Duft von einem blassen Grau, mit ein wenig Blau vermischt.* Darwin versucht sich dieses Phänomen aus dem Zusammenwirken von Luftfeuchtigkeit und Temperatur zu erklären, läßt sich aber bei dieser Suche nach einer Kausal-Erklärung seine Aufgeschlossenheit für die einmalige Schönheit des «Wunderlandes» Brasilien und sein Staunen nicht zerstören. *Die Landschaft von Brasilien ist wie ein Blick auf Tausendundeine Nacht, mit dem Vorzug, daß sie Wirklichkeit ist.* Er ist unendlich beglückt. Seine Begeisterung spricht

aus allen Zeilen seiner Briefe: *Die herrliche selige Freude, zwischen solchen Blumen und Bäumen zu wandeln, kann nur von denen verstanden werden, die sie selbst erfahren haben.* (An den Vater, 8. 2. 1832.) Der dreiundzwanzigjährige Charles Darwin ist alles andere als ein Rationalist, der von außen an die Natur herantritt, die Phänomene nur beschreibt und analysiert und ein Netz von abstrakten Gedanken an die Stelle der erlebten Qualitäten zu legen versucht. Der Jüngling Charles Darwin erlebt die Größe der Natur mit ungebrochener Empfindungsstärke und sucht behutsam, seine Wahrnehmungen gedanklich zu ordnen und mit Begriffen zu durchdringen. So vermeidet er die Gefahr, sich in Schwärmerei zu verlieren. Sein elementarer Sammlertrieb, sein Sinn für die konkrete Einzelerscheinung bewahrt ihn vor einer solchen Abirrung.

Auf der Fahrt von Rio nach Montevideo (Juli 1832) erlebten die Weltreisenden Meeresleuchten und das sogenannte St. Elmsfeuer, das aus Mastspitzen und Enden der Segelrahen eindrucksvoll aufflammte. *Die Dunkelheit des Himmels wurde für Augenblicke durch die glänzenden Blitze aufgehellt.*

Am 26. Juli 1832 erreichte die «Beagle» zum erstenmal Montevideo und damit zugleich das Mündungsgebiet des La Plata – das erste Ziel des Expeditionsauftrages.

Fast zwei Jahre blieben sie im Bereich der südöstlichsten Küsten Amerikas und führten in dem Gebiet zwischen Montevideo, Kap Hoorn und den Falkland-Inseln Vermessungsarbeiten aus. Auf fünf Landunternehmungen, an denen Darwin zumeist führend und an-

Hafenmole in Rio de Janeiro

Botafogo Bay

regend beteiligt war, wurden die seinerzeit nur recht dürftig erforschten Länder Argentinien und Uruguay durchstreift. Reiche Ausbeute an Mineralien, Fossilien, Pflanzen und Tieren belohnte die oft nicht geringen Strapazen dieser Expeditionen. Darwin erlebt mit innerer Genugtuung, daß er den Anforderungen des an Wechselfällen reichen Lebens gewachsen ist. *Ich bin ganz erstaunt, daß ich dieses Leben aushalten kann. Wäre nicht die stets wachsende große Freude an der Naturwissenschaft, so könnte ich es nicht.*

Ab Mitte des Jahres 1834 bis Ende August 1835 bleibt die Expedition auf der Westseite Südamerikas und erkundet das Meer mit seinen Inseln, Land und Leute Chiles und Perus. Exkursionen zum Fuße der Anden, gründliches Studium der Lebensverhältnisse des Chonos-Archipels und der Insel Chiloé werden mit mehrfachem Besuch von

Araukarien am Llaima nach dem ersten Schneefall. Südchile

Valparaiso und Santiago verbunden. Höhepunkt der Landunternehmungen bildet die Überquerung der Kordilleren.

Am 19. Juli wird der Hafen von Lima (Peru) erreicht: Callao. Nach sechswöchigem Aufenthalt verlassen die Weltumsegler endlich die Küste Südamerikas mit Kurs auf die Galapagos-Inseln.

Leider müssen wir uns versagen, den Reisebericht Darwins, der später als *Reise eines Naturforschers um die Welt* erschienen ist und in vielen Sprachen übersetzt wurde, im einzelnen wiederzugeben. Aus der Fülle der Erlebnisse, die Darwin auf der fünfjährigen Weltreise hatte, seien nur drei hervorgehoben, die für Darwins weitere

Entwicklung wesentlich waren: die Begegnung mit der Urbevölkerung Feuerlands, die Fossil-Funde in Patagonien und die für den Aufbau seines Lehrgebäudes so bedeutsamen Beobachtungen auf den Galapagos-Inseln.

Tiefe Eindrücke empfing Darwin von der Landschaft und den Bewohnern der Südspitze Amerikas, dem Feuerland. War ihm Brasilien wie ein Land, *wo die Kräfte des Lebens vorherrschend sind,* erschienen, so betrat er nun einen Boden, *wo Tod und Zerfall herrschen.* Schon nach der ersten Begegnung mit den trotz des rauhen Klimas so gut wie nackt lebenden Feuerländern verzeichnet Darwin in seinem Tagebuch: *Es war ohne Ausnahme das merkwürdigste und interessanteste Schauspiel, das ich je erblickte: ich hätte kaum geglaubt, wie groß die Verschiedenheit zwischen wilden und zivilisierten Menschen sei: sie ist größer als zwischen einem wilden und domestizierten Tier, insofern beim Menschen eine größere Veredelungsfähigkeit vorhanden ist.* Wohl hat sich Darwin während seines Studiums in Cambridge Gedanken über die Verschiedenheit der mensch-

H.M.S. «Beagle» in der Magellan-Straße

lichen Rassen und über die Unterschiede ihres Entwicklungsstandes gebildet. Auch waren ihm in Brasilien vielfach Neger-Sklaven begegnet. Ihre demütigende soziale Lage hatte sein Herz ergriffen, ihre freundliche und heitere Lebensgesinnung seine Sympathie erweckt, ihre gesunden und elastischen Körper seine Bewunderung erregt. Jetzt aber stand ihm im Feuerländer eine völlig andere Menschenart gegenüber, auf die er nicht vorbereitet war. *Ich habe aber nichts gesehen, was mich mehr in Erstaunen gesetzt hätte, als der erste Anblick eines Wilden. Es war ein nackter Feuerländer, sein langes Haar wehte umher, sein Gesicht war mit Farbe beschmiert. In ihren Gesichtern liegt ein Ausdruck, der, glaube ich, allen denen, die ihn nicht gesehen haben, ganz unbegreiflich wild vorkommen muß. Auf einem Felsen stehend stieß er Töne aus und machte Gestikulationen, gegen welche die Laute der domestizierten Tiere weit verständlicher sind.*

Im unmittelbaren Anschluß an diese Stelle eines Briefes, der an seinen Freund aus der Cambridger Zeit, Rev. Ch. Whitley, gerichtet war, erinnert sich Darwin an Raffael und seine Gemälde wie an eine Welt, die ihm entsunken ist und der er sich nach seiner Rückkehr wieder neu bemächtigen müsse. Die große Spanne innerhalb des Menschengeschlechts, die zwischen einem Raffael Santi und einem «wilden» Feuerländer liegt, wurde hier zum erstenmal von ihm klar erfaßt. Immer von neuem staunt und erschrickt Darwin über die gewaltigen Differenzen innerhalb der Gattung Mensch. Den Wortführer einer Gruppe von vier Feuerländern, die er zu *den verkümmerten, elenden, unglücklichen Geschöpfen* der Menschheit zählt, schildert er anschaulich: *Der alte Mann hatte ein Stirnband mit weißen Federn rund um den Kopf gebunden, welches zum Teil sein schwarzes, grobes und verwildertes Haar zusammenhielt. Quer über sein Gesicht zogen sich zwei breite Streifen; der eine, hellrot ge-*

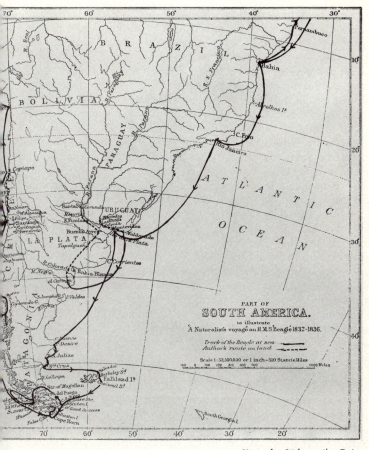

Karte der Südamerika-Reise

malt, reichte von einem Ohr zum anderen und schloß die Oberlippe mit ein; der andere, weiß wie Kreide, lief über und parallel mit dem ersten, so daß selbst seine Augenbrauen so gefärbt waren. Die anderen beiden Männer waren mit Strichen von schwarzem, aus Holzkohle gemachtem Pulver verziert. Die Gesellschaft war durchaus den Teufeln ähnlich, die in Stücken wie der «Freischütz» auf die Bühne kommen.

Fast drei Jahrzehnte später schreibt Darwin sein Werk über *Die Abstammung des Menschen und die geschlechtliche Zuchtwahl*. Die konkrete Begegnung mit den Negern Brasiliens, den «Wilden» Feuerlands, später den Eingeborenen Tahitis, Neuseelands und Australiens gab die Anschauungsgrundlage, von der aus Darwin seine Gedanken in der Folgezeit entwickelte.

Ein weiteres Gebiet gründlicher Erfahrung, das ihm durch die Weltreise erschlossen wurde und ihm zur Ausbildung seiner Evolutionslehre wesentliche Hilfe leistete, waren die überraschend zahlreichen Funde fossiler Säugetiere Patagoniens. Von der argentinischen Stadt Bahia Blanca aus unternahm Darwin, während die Besatzung der «Beagle» damit beschäftigt war, den Hafen zu vermessen, Landausflüge, um Pampasformationen im Küstengebiet zu erforschen. In Punta Alta tat sich für ihn eine Fundgrube mit Überresten gigantischer Säugetiere auf, die er zum Teil eigenhändig ausgrub: drei Schädel und Knochen von Megatherien, Teile von Megalonyx und ein nahezu vollständiges Skelett von Scelidotherium. Weiter Fossilreste von Mylodon, Macrauchenia und Toxodon. Alle diese Überreste fanden sich in geschichtetem Kies und rötlichem Schlamm im flachen Ufer eingebettet. Darwin schätzte, daß diese Anhäufung von Fossilien höher entwickelter, aber heute ausgestorbener Säugetiere der *sehr späten tertiären Periode* angehört. Da sich gleichzeitig mit den Säugetierresten 23 Muschelarten fanden, von denen heute noch mindestens dreizehn, wenn nicht mehr, leben, sah Darwin darin eine Bestätigung des von Charles Lyell aufgestellten Gesetzes, daß *die Langlebigkeit der Spezies bei den Säugetieren im ganzen geringer ist als bei den Schaltieren.*

Für den Entwicklungsgang Darwins und seiner sich nach und nach in ihm bildenden Gedankenwelt ist die Konfrontierung mit der so charakteristischen Fauna einer vergangenen Erdperiode bedeutsam. Alle anderen Begründungen für die Evolutionslehre sind prinzipiell auf geistige Überlegungen angewiesen. Die paläontologischen Funde aber sind der unumstößliche Beweis, daß die Pflanzen- und Tierwelt vergangener Zeiten von den heute lebenden Organismen erheblich abwich. Verzichtet man auf einen blinden Wunderglauben, der mit immer erneuten «Schöpfungen aus dem Nichts» nach eingetretenen Katastrophen (Cuvier) rechnet, so erhebt sich unausweichlich die Forderung nach Verständnis des offenkundig vollzogenen Artenwandels. Selbstverständlich hatte Darwin auch auf diesem Feld schon genügend Kenntnisse in seiner Cambridger Zeit aufgenommen. Jetzt aber erhält er das Anschauungsmaterial, das ihn geradezu zwingt, sich Gedanken über das Entstehen und Werden von Gattungen und Arten zu machen. Darüber hinaus sucht Darwin sich die Lebensweise (Ökologie) der ausgestorbenen Säugetiere vorzustellen. Er beginnt, die seinerzeit herrschenden Ansichten der Geologen in Zweifel zu ziehen, daß das Vorhandensein riesiger Säugetiere auch eine üppige Vegetation erfordere. Darwin hält dies für ein Vorurteil, das aus den Verhältnissen Indiens und der indischen Inseln abgeleitet ist. Die Tatsache, daß die größten heute lebenden Säugetiere, die Elefanten, in undurchdringlichen Dschungelwäldern leben, hat seiner Meinung nach diesen Irrtum entstehen lassen. Darwin zweifelt nicht daran, daß ein unfruchtbares Land mit verstreut stehenden dornigen Bäumen viele und große Säugetiere erhalten kann.

Als dritte Erfahrung, die er auf der Weltreise macht und die wesentlich zur Ausbildung des Evolutionsgedankens beigetragen hat, ist seine oft zitierte Beobachtung der Vogelwelt (Finken) auf den Galapagos-Inseln zu nennen. Hier sah er mit eigenen Augen, welchen Anteil die geographische Isolation an der Entstehung neuer Arten hat.

Es ist, als ob Darwin geahnt hätte, daß der Besuch der Galapagos-Inseln für ihn schicksalhafte Bedeutung haben würde. *Den Galapagos sehe ich mit größerem Interesse entgegen als irgendeinem anderen Teil der Reise,* schreibt er aus Lima im Juli 1835 an seinen Vetter Fox.

Der Galapagos-Archipel besteht aus zehn Hauptinseln verschiedener Größe. Alle sind vulkanischen Ursprungs; Darwin schätzt die Zahl der die Inseln überragenden Krater auf mindestens 2000. Die Entfernung zum amerikanischen Festland beträgt fünf- bis sechshundert Meilen.

Die «Beagle» landete am 17. September 1835 in einer Bucht der Chatham-Insel. *Nichts konnte weniger einladend sein als die erste Erscheinung. Ein zerklüftetes Feld schwarzer basaltischer Lava, welche in die verschiedenartigst zerrissenen Wellen geworfen und von großen Spalten durchsetzt ist, wird überall von verkümmertem, sonnverbranntem Buschholz bedeckt, das nur wenige Zeichen von Leben gibt. Die trockene und ausgedörrte, von der Mittagssonne erhitzte Oberfläche machte die Luft schwül und drückend, wie von einem Ofen; wir bildeten uns sogar ein, daß die Gebüsche unangenehm riechen. Obschon ich mit großem Fleiß versuchte, so viele Pflanzen als nur irgend möglich zu sammeln, fand ich doch nur sehr wenige; und derartig elend aussehende kleine Kräuter würden einer arktischen Flora viel besser anstehen als einer äquatorialen. Das Buschwerk sieht aus einer kurzen Entfernung so blattlos aus wie unsere Bäume während des Winters; und es dauerte eine Zeitlang, ehe ich entdeckte, daß jetzt jede Pflanze nicht bloß sich in vollem Blätterschmuck befand, sondern daß die größere Zahl in Blüte stand. Der häufigste Strauch ist eine der Euphorbiaceen; eine Akazie und ein großer, merkwürdig aussehender Kaktus sind die einzigen Bäume, die irgendeinen Schatten bieten. Wenn man bedenkt, daß die Gala-*

pagos-Inseln genau auf dem Äquator liegen, so kann man sich die gnadenlose Gluthitze vorstellen, die, von den Lavamassen reflektiert, diese Inseln verbrennt. Nur die verhältnismäßig niedrige Temperatur des vom Südpolar-Strom gebildeten Meeres läßt auf den erhöhten Teilen der Inseln (etwa 300 m ü. M.) ein einigermaßen erträgliches Leben zu und eine von gelegentlichen Regengüssen begünstigte üppigere Vegetation entstehen.

Neben Schildkröten, Eidechsen, Mäusen und anderem Getier erweckte die Vogelwelt Darwins besonderes Interesse. Mit einer einzigen Ausnahme konnte er nur Landvögel beobachten, die alle dem Galapagos eigentümlich waren. 25 verschiedene Vogelarten, darunter Falke, Eule, Zaunkönig, Fliegenschnäpper, Schwalbe, Spottdrossel, sind alle den entsprechenden amerikanischen Arten ähnlich, in charakteristischen Merkmalen zugleich aber deutlich von ihnen abweichend. *Andere Landvögel bilden eine äußerst eigentümliche Gruppe von Finken, die in der Struktur ihrer Schnäbel, den kurzen Schwingen, der Form des Körpers und dem Gefieder miteinander verwandt sind. Es sind dreizehn Spezies, welche Mr. Gould in vier Untergruppen geteilt hat. Alle diese Spezies sind diesem Archipel eigentümlich.* Darwin sieht, daß die Größe und Form des Schnabels dieser Finken in allen Variationen vorkommen, vom Schnabel eines Kernbeißers bis zu dem eines Singvogels. *Es gibt nicht weniger als sechs Spezies mit unmerklich sich abstufenden Schnäbeln.* Vom Schnabel eines Stares bis zum papageiartigen ist alles vorhanden. Hier tat sich vor seinen Augen ein Wahrnehmungs- und Beobachtungsfeld des Artenwandels auf, wie es für den Begründer des Evolutionsgedankens nicht besser zu wünschen war. Wollte Darwin nicht ein die Natur nur beschreibender Biologe bleiben, sondern mit Verständnis die sich ihm bietenden Phänomene durchdringen, so mußte er nach Erklärungen für die Variationen der Galapagos-Finken suchen. Er hatte die Differenziertheit der Menschenrassen erlebt, wichtige paläontologische Funde in Patagonien gemacht, und nun war es die von ihm beobachtete Modifikation der Finken auf den Galapagos-Inseln, die ihn – nach seinen eigenen Worten – *hauptsächlich auf das Studium des Ursprungs der Arten geführt hat* (Brief an Moritz Wagner vom 13. Oktober 1876).

Vieles kam zusammen, die Zeit war reif, das statische Weltbild des Mittelalters auch auf biologischem Feld zu durchbrechen und einem neuen, dynamischen den Weg zu bahnen. Die auf seiner Weltreise gemachten Erfahrungen bereiteten Charles Darwin auf das trefflichste vor, den Evolutionsgedanken – nach allen Richtungen unterbaut, mit vielen Beispielen belegt – der denkenden Mitwelt vermitteln zu können.

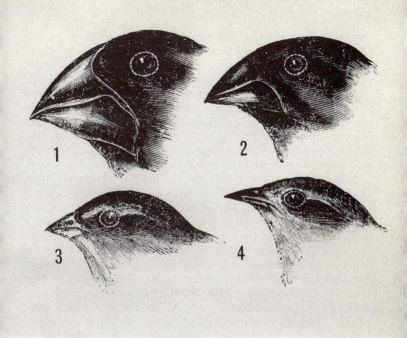

Vier verschiedene Finkenköpfe von den Galapagos-Inseln

Nach Erfüllung des Vermessungsauftrages an den Küsten Südamerikas einschließlich der Galapagos-Inseln (September 1835) nimmt die «Beagle» Kurs quer über den Pazifischen Ozean. Über Tahiti wird in drei Monaten Neuseeland erreicht (Dezember 1835). Australien umsegeln sie nach Landgang in Sydney und einem Besuch von Tasmanien im Süden, wo sie kurz im King George's Sound anlegen. Die genaueren Daten der Erdumseglung finden sich in der «Zeittafel» (S. 160 f) am Ende dieser Monographie.

In zügiger Fahrt passieren sie die Kokos-Inseln mit ihren Korallenriffen, ferner Mauritius. Um den 1. Juni 1836 wird Afrikas Südspitze erreicht. In der Simon's Bay gehen sie an Land. Im Wagen begeben sie sich nach Kapstadt. Hier trifft Darwin den damals führenden Astronomen und Mathematiker Englands, Sir John Herschel. Die Weltreisenden wurden von ihm zum Mittagessen eingeladen und treffen sich dann noch einige Male. Darwin war von dieser ausgeprägten Persönlichkeit stark beeindruckt. *Ich empfand eine tiefe Ehr-*

furcht vor Sir J. Herschel, und war entzückt, mit ihm in seinem reizenden Haus am Kap der Guten Hoffnung und später auch in seinem Haus in London zu Mittag zu speisen... Er sprach niemals viel, aber jedes Wort, das er äußerte, war wert, daß man ihm zuhörte.

In den fünf Jahren seiner Abwesenheit von Heimat, Familie und Freunden hatte Darwin natürlich auch Momente starken Heimwehs. *Ich sehne mich danach, bei Euch zu sein,* schreibt er 1835 an seine Schwester Susan. Gleichzeitig macht er sich Sorgen, was aus ihm, dem Apostaten der Theologie, werden soll. *Ich sehne mich so ernstlich danach, zurückzukehren, und doch darf ich kaum der Zukunft entgegensehen, denn ich weiß nicht, was aus mir werden wird.* (An Fox aus Lima im Juli 1835.)

Mit der Route, die Kapitän Fitz Roy für die Heimfahrt aussucht – auf dem gleichen Weg, auf dem sie England verlassen haben, wieder zurückzukehren –, ist Darwin unzufrieden. Statt die kürzeste Strecke zu wählen und von Kapstadt nordwärts zu segeln, wird über St. Helena und Ascensión noch einmal Bahia (Brasilien) angesteuert und erst dann Kurs auf England genommen. So äußert sich Darwin grimmig: *Diese Zickzack-Manier in unserem Vorwärtsgehen ist sehr verdrießlich; sie hat meinen Empfindungen den letzten Stoß gegeben. Ich hasse, ich verabscheue das Meer und alle Schiffe, welche darauf fahren.* (An Susan Darwin, Bahia am 4. August 1836.) Doch darf man solche Ausbrüche nicht überbewerten. Im gleichen Brief findet sich auch der kühne Satz, daß *ein Mensch, welcher eine Stunde von seiner Zeit zu vergeuden wagt, den Wert des Lebens noch nicht entdeckt hat.*

Im letzten Kapitel seines Reisetagebuchs gibt Darwin dem Leser noch einmal Gelegenheit, in gewisse Grundstimmungen seiner Seele hineinzublicken. Bei der Wiederbegegnung mit Land und Leuten Brasiliens ergreift ihn erneut der Zorn gegen die Sklavenhaltung: *Ich danke Gott, daß ich nie wieder ein Sklavenland zu besuchen haben werde.* Er scheut sich nicht, Grausamkeiten, die an Negern begangen werden, mitzuteilen und anzuprangern. *In der Nähe von Rio de Janeiro wohnte ich einer alten Dame gegenüber, welche sich Schrauben hielt, um die Finger ihrer weiblichen Sklaven zu quetschen. Ich habe in einem Haus mich aufgehalten, wo ein junger zum Hausstand gehöriger Mulatte täglich und stündlich gescholten, geschlagen und verfolgt wurde in einem Maße, daß selbst der Mut des niedrigsten Tieres gebrochen worden wäre. Ich habe gesehen, wie ein kleiner Junge, sechs oder sieben Jahre alt, dreimal mit einer Reitpeitsche, ehe ich dazwischentreten konnte, über seinen bloßen Kopf geschlagen wurde, weil er mir ein Glas Wasser gereicht hatte, das nicht ganz rein war; ich sah, wie sein Vater schon bei einem Blick aus dem*

Auge seines Herrn zitterte... Viele herzbeklemmende Grausamkeiten, von denen ich authentisch gehört habe, will ich noch nicht einmal andeuten: ...Und diese Handlungen werden von Leuten ausgeführt und verteidigt, die bekennen, ihren Nächsten wie sich selbst zu lieben, die an Gott glauben und beten, daß sein Wille auf Erden geschehe! Es macht unser Blut aufwallen und unser Herz erzittern, wenn wir bedenken, daß wir Engländer und unsere amerikanischen Nachkommen mit ihrem prahlerischen Geschrei von Freiheit so schuldbeladen waren und noch sind. Man sollte nicht vergessen, daß Charles Darwin, dessen Namensnennung sofort die Assoziation «Kampf ums Dasein» hervorruft, ein Mensch mit einem weiten, mitfühlenden Herzen war, das sich zutiefst empörte, wenn andere ihre Mitbrüder mißbrauchten und quälten. In der gleichen positiven Weise gehörte es zum Charakter Darwins, nicht mehr scheinen zu wollen, als er in Wahrheit war. Mit fremden Federn sich zu schmücken, ist nie seine Art gewesen. So gedenkt er im letzten Kapitel dankbar der Hilfe, die er von Alexander von Humboldt erhielt. *Da die Stärke der Eindrücke allgemein von vorher erlangten Ideen abhängt, so will ich noch hinzufügen, daß meine den lebendigen Beschreibungen in der Reiseschilderung Humboldts entnommen waren, die an Verdienst alles übrige bei weitem übertreffen, was ich gelesen habe.* Und schließlich gibt Darwin als Resümee seiner fünfjährigen Reise jedem Naturforscher den Rat, unter allen Umständen sich selber in der Welt umzusehen und vor Schwierigkeiten und Gefahren nicht zurückzuschrecken, denn diese sind in der Regel geringer, als man zuvor befürchtet. Und auf der Gewinnseite finden sich moralische Qualitäten, die am heimatlichen Herd kaum zu erwerben sind. *Gutmütige Geduld, Freiheit von Selbstsucht, die Gewohnheit, für sich selbst zu handeln und aus jedem Vorkommen das Beste zu machen.* Alles dies sind Eigenschaften, die nach Darwins Meinung die meisten Matrosen sich aneignen. Und darüber hinaus muß der reisende Naturforscher es ler-

John F. W. Herschel

nen, wachsam und mißtrauisch zugleich zu sein, damit er gegen ein Übervorteiltwerden durch andere geschützt ist. *Gleichzeitig wird er aber entdecken, wie viele wahrhaft gutherzige Leute es gibt, mit denen er niemals vorher irgendeine Verbindung gehabt hat, und mit denen er niemals wieder irgendeine weitere Verbindung haben wird, und die doch bereit sind, ihm auf die uneigennützigste Weise Beistand zu leisten.* Mit dieser beglückenden Erfahrung schließt Charles Darwins Reisetagebuch.

Hafeneinfahrt von Falmouth

LONDON
(1836–1842)

Fünf lange Jahre hatte Charles Darwin in der Ferne zugebracht. Als er England verließ, stand er im dreiundzwanzigsten, bei seiner Heimkehr im achtundzwanzigsten Lebensjahr. Ein günstiges Geschick hatte es ihm erlaubt, in der Lebensperiode des Übergangs vom Jüngling zum Manne die Fülle der Erfahrungen von Meeren, fremden Ländern und Menschen aufzunehmen. Weltoffen und unvoreingenommen hatte er sich den Eindrücken völlig neuer Daseinsbezirke gestellt und sie, soweit es ihm möglich war, geordnet und verarbeitet.

An einem Sonntagabend, dem 2. Oktober 1836, landete die «Beagle» im Hafen von Falmouth (Cornwall). Hier verließ Darwin das Schiff, das seine Fahrt an der Südküste Englands entlang bis zur Themsemündung und stromaufwärts nach London fortsetzte. Er nahm die Postkutsche nach Shrewsbury, wo er am Donnerstag (6. Oktober) zur Frühstückszeit in seinem Elternhaus eintraf. Die Wellen der Wiedersehensfreude gingen hoch. Darwin fühlte sich *wie in den Wolken* und wußte nicht, was er zunächst tun und wohin er zuerst gehen sollte. Die Erinnerung an die sonnendurchglühten und sonnenverbrannten Gegenden der südlichen Hemisphäre ließ ihn die heimatliche Landschaft nun mit neuen Augen sehen; er bewunderte die Felder, Wälder und Obstgärten Englands. *Die törichten Leute im Wagen, so schrieb er an Fitz Roy, schienen zu meinen, daß die Felder nicht ein bißchen grüner wären als gewöhnlich; dessen bin ich aber sicher, wir würden durchaus darin übereingestimmt haben, daß die ganze weite Welt keinen so beglückenden Anblick enthält, als das reich kultivierte Land von England.*

Nur wenige Tage nimmt er sich die Ruhe, in Shrewsbury und Maer im Kreise seiner Familie unterzutauchen. Es treibt ihn nach Cambridge zu seinem väterlichen Freund Henslow, mit dem er über die auf der Reise angelegten Sammlungen sprechen möchte. Auch wollte er rechtzeitig in London sein, um das Ausladen der zahlreichen Kisten und Kasten, die seine Schätze bargen, zu überwachen und den Transport nach Cambridge zu veranlassen. Im Dezember kehrt er selbst dorthin wieder zurück. In der Zoologischen und der Geologischen Gesellschaft hält er je einen Vortrag über die Erhebung der Küste von Chile. Dann beginnt er mit der Überarbeitung seines Reisetagebuchs, ordnet seine geologischen und mineralogischen Sammlungsstücke und ist beglückt, mit Henslow die Verarbeitung des Reiseertrags gründlich durchplanen zu können.

Im Frühjahr 1837 siedelt er nach London über und nimmt sich in der Great Marlborough Street eine Wohnung. Ein neuer Lebensabschnitt hat begonnen.

Zwei kleinere Arbeiten aus dieser Zeit zeigen, wie sehr sein Geist mit der Aufarbeitung seiner Reisebeobachtungen beschäftigt ist: *Eine Skizze der ausgestorbene Säugetiere einschließenden Ablagerungen in der Nähe des Plata* und *Über gewisse Bezirke von Hebung und Senkung im Pazifischen und Indischen Ozean, aus dem Studium der Korallenbildungen abgeleitet*. Beide Aufsätze wurden, nachdem er den Inhalt mündlich vorgetragen hatte, in den Mitteilungen der Geologischen Gesellschaft 1838 veröffentlicht.

Als Bakkalaureus der Theologie hatte er England verlassen, als Kenner der Geologie, insbesondere der Verhältnisse in Südamerika und den südländischen Inseln, war er zurückgekehrt. Alles hing jetzt für ihn von der Frage ab, wie sich Charles Lyell (1797–1875), die überragende Autorität Englands auf dem Feld der Geologie, zu ihm, dem Autodidakten, stellen würde.

Lyell war ein Forscher, der sich für die Geologie als «jugendliche Wissenschaft» bei aller Nüchternheit hell begeisterte. Man darf ihn getrost den «Darwin der Geologie» nennen, denn durch ihn ist die Geologie nicht nur bereichert, sondern sprunghaft gefördert worden. Seine «Principles of Geology» nehmen in der Geologie eine ähnliche Stellung ein wie Darwins Werk *Über die Entstehung der Arten* in der Biologie.

Bis über die Wende vom 18. zum 19. Jahrhundert hatte sich die «Katastrophen-Theorie» Cuviers wie ein Dogma in den Köpfen der Geologen und Paläontologen festgesetzt. Als erste erhoben der Deutsche K. E. A. von Hoff (1771–1837) und der Franzose J.-B. de Lamarck (1744–1829) von seiten der Geologie und der Zoologie ernsthafte Einwände. Aber beide mußten erleben, daß es leichter ist, neue Wahrheiten zu finden, als sie zu allgemeiner Anerkennung zu bringen. Charles Lyell hatte mehr Glück. Auf den Spuren von C. E. A. von Hoff entwickelte er das Prinzip des «Aktualismus», das sich in der Folgezeit für die geologische Forschung als höchst fruchtbar erweisen sollte. Der Aktualismus setzt voraus, daß die heute in der Erdbildung wirkenden Kräfte, zum Beispiel die Erosion, die Ablagerung, der Vulkanismus dieselben sind, die von eh und je am Antlitz der Erde geformt und deren langsame Umbildung bewirkt haben. Lyell selbst beschränkte sich ausschließlich auf die Entstehungsgeschichte der unorganischen Erdrinde. Für Darwin lag es nahe, diese Grundauffassung auch auf das Werden aller Organismen auszudehnen.

Schon von Lima aus hatte Darwin an seinen Vetter und Freund Fox (Juli 1835) geschrieben: *Ich bin ein eifriger Anhänger von Mr. Lyells Ansichten geworden, wie sie in seinem bewundernswerten Buche bekanntgeworden sind. Bei geologischen Arbeiten in Südamerika wurde ich versucht, dieselben teilweise selbst in noch größerer Ausdehnung anzuwenden, als er es selbst tut.*

Man kann sich vorstellen, mit welcher Erwartung und Spannung Darwin der ersten persönlichen Begegnung mit Lyell entgegensah. Dieser nahm Darwin ohne jede Zurückhaltung auf. *Mr. Lyell ist in der gutmütigsten Art und Weise, und beinahe ohne darum gebeten worden zu sein, auf alle meine Pläne eingegangen* (Brief an Henslow).

Wenig später schreibt Darwin an Fox: *Unter den großen wissenschaftlichen Männern ist keiner auch nur annähernd so freundschaftlich und wohlwollend wie Lyell. Ich habe ihn mehrere Male gesehen und fühle mich geneigt, ihn sehr zu lieben. Du kannst Dir gar nicht vorstellen, wie gutherzig er auf alle meine Pläne einging.*

Ein Schicksalsbund war begründet, der erst durch den Tod Lyells (1875) beendet wurde. Selten haben zwei Männer – zwölf Jahre im Alter unterschieden – so wechselseitig voneinander gelernt und sich geistig gegenseitig angeregt wie Darwin und Lyell. Ihr Zusammenwirken hat weit über Englands Grenzen hinaus das neuzeitliche Denken beeinflußt. Rudolf Steiner charakterisierte die Situation gegen Ende des 19. Jahrhunderts (1897 im «Magazin für Literatur») treffend: «Das geistige Leben der Gegenwart hätte eine völlig andere Physiognomie, wenn in diesem Jahrhundert zwei Bücher nicht erschienen wären: Darwins *Entstehung der Arten* und Lyells ‹Prinzipien der Geologie›. Anders, als sie es tun, sprächen die Professoren in den Hörsälen der Universitäten über viele Dinge, anders, als es ist, wäre das religiöse Bewußtsein der gebildeten Menschheit, andere Ideen, als die wir aus ihnen vernehmen, hätte Ibsen in seinen Dramen verkörpert, wenn Darwin und Lyell nicht gelebt hätten.»

Darwin gewinnt eine Reihe von Wissenschaftlern, die es übernehmen, spezielle Gebiete seiner mitgebrachten Sammlungen zu bearbeiten. Sir Richard Owen: Fossilien der Wirbeltiere; George Robert Waterhouse: Lebende Wirbeltiere und Insekten; John Gould: Vögel; Thomas Bell: Reptilien; Leonard Jenys: Fische; W. J. Broderip: Conchylien.

Darwin selbst arbeitet intensiv an der Herausgabe seines Reisetagebuchs, des *Journal of Researches*, und vollendet es – für ihn eine einmalige Leistung – in sechs Monaten. Ein großer Wurf war ihm gelungen. Bis zum heutigen Tag hat sich dieses Buch als eines der gediegensten Reisetagebücher der Neuzeit erwiesen.

Kaum hatte er diese Arbeit hinter sich, begann er seine geologischen Reisestudien in drei Büchern darzustellen. *Korallen-Riffe* (1842), *Geologische Beobachtungen über die Vulkanischen Inseln* (1844), *Geologische Beobachtungen über Südamerika* (1846).

Gleichzeitig (1838) übernahm er mit großem Widerstreben das Amt eines Sekretärs der Geologischen Gesellschaft. Es ist dies das einzige Mal in seinem Leben, daß er so etwas Ähnliches wie einen Beruf ausgeübt hat. Ein wirklicher Beruf aber war auch diese Arbeit nicht, denn nach seiner eigenen Schätzung verlangte die Tätigkeit *alle 14 Tage drei Tage lang unangenehme Arbeit*. Auch angesichts seiner anderen Pläne erschien ihm ein solches zusätzliches Tun als Überforderung. Hinzu kam, daß er sich nicht genügend vorgebildet fand, um einen derart verantwortungsvollen Posten, der eine gediegene geologische Schulung voraussetzte, auszufüllen. In einem Brief an Henslow sucht er alle Argumente zusammenzutragen, die gegen eine Übernahme des von ihm als unliebsame Last empfundenen Amtes sprechen. *Erstens, meine völlige Unkenntnis der englischen Geologie ... Ferner meine Unwissenheit in allen Sprachen ... Mein bester Einwand ist, daß ich zweifelhaft bin, wie weit meine Gesundheit die Bewältigung dessen, was ich zu tun habe, ohne irgend weitere Arbeit aushalten wird ... Neuerdings wirft mich alles, was mich erregt, nachher total um und verursacht eine heftige Palpitation des Herzens.*

Trotzdem übernahm er schließlich das Amt und wirkte zu aller Zufriedenheit drei Jahre als Sekretär der Geologischen Gesellschaft von England. Für ihn selbst waren diese drei Jahre insofern positiv, als sein Ruf, ein guter Fach-Geologe zu sein, fest begründet wurde.

Am 1. November 1837 trug Darwin in der Geologischen Gesellschaft eine kleinere Arbeit *Über die Bildung der Ackererde* vor. Auf Grund einer Anregung durch seinen Onkel Wedgwood hatte er den Einfluß des Regenwurms auf die Bildung der Humusschicht in Acker- und Weidenböden beobachtet und war dabei zu dem erstaunlichen Resultat gekommen, *daß jedes Körnchen Erde, welches die Erdschicht bildet, von der sich auf alten Weideflächen der Rasen erhebt, durch den Darmkanal der Regenwürmer hindurch gegangen ist.* Darwin mißt dieser «Bodenbehandlung» der Regenwürmer hohe Bedeutung zu. Das

Alexander von Humboldt

Pflügen des Ackers durch den Menschen ist nach Darwin nur eine vergröberte Nachahmung der Regenwurmtätigkeit. Der Mensch erreicht, infolge der *rohen Art und Weise* seines Tuns, nicht den hohen Effekt der Bodenmischung bis zur völligen Homogenität, wie es der Regenwurm vermag. Es zeugt von der geistigen Beständigkeit Darwins, daß er dieses Thema in seinen letzten Lebensjahren noch einmal aufgreift. Ein Jahr vor seinem Tode (1881) erscheint als letztes seiner Werke *Die Bildung der Ackererde durch die Tätigkeit der Würmer mit Beobachtungen über deren Lebensweise.* So runden sich Anfang und Ende der Arbeiten Darwins seltsamerweise «im Zeichen des Regenwurms».

In dieser Londoner Zeit traf Darwin häufig den Botaniker Robert Brown. Nicht zufällig hat Alexander von Humboldt diesen Mann «facile princeps Botanicorum» genannt. Jedenfalls gehörte er zu den überragenden Gelehrten seines Faches, denen es zum erstenmal gelang, mit Hilfe des Mikroskops in die anatomischen Zusammenhänge der Pflanzenzelle einzudringen. Brown hat als erster den Kern im Protoplasma der Pflanzenzelle beschrieben. Auch ist er der Entdecker der Vibrationen kleinster Partikel in flüssigen oder gasförmigen Zelleinschlüssen, der sogenannten «Brownschen Molekularbewegung». Darwin rühmte die *minuziöse Art seiner Beobachtungen und deren vollkommene Exaktheit.* Doch vermißte er an Brown, daß er infolge seines ausgeprägten Sinnes für Spezialfragen die großen, allgemeinen Probleme nicht anzupacken wagte.

Auch Sir John Herschel traf Darwin in London wieder.

Einmal kam es zur Begegnung mit Alexander von Humboldt. *Ich war in bezug auf diesen großen Mann etwas enttäuscht; doch waren wahrscheinlich meine Voraussetzungen und Erwartungen zu hoch.* Darwin fand ihn *sehr gemütlich,* nur redete er ihm etwas zu viel.

Im Haus seines Bruders Erasmus traf er einige Male Thomas Carlyle (1795–1881). Die beiden Männer sind sich nie nähergekommen oder gar vertraut geworden. Carlyle zog Erasmus, den Bruder Charles', als den intellektuell Überlegeneren vor. Darwin hielt Carlyle – obwohl er dessen geistreiche Darstellungskunst von Charakteren durchaus anerkannte – für ausgesprochen geschwätzig. Es belustigte ihn, anläßlich eines Mittagessens, an dem auch der Mathematiker Babbage und Charles Lyell teilnahmen, die beide in der Regel sich selber gerne hören ließen, zu erleben, wie Carlyle pausenlos über das Schweigen redete. *Nach dem Essen bedankte sich Babbage in seiner verdrießlichen Art bei Carlyle für seine interessante Vorlesung über das Schweigen.*

Zornig wurde Darwin, wenn Carlyle seine Ansichten über Sklavenhaltung äußerte: *Seine Ansichten über Sklaverei waren empörend. In seinen Augen war Macht Recht. Sein geistiger Umkreis scheint mir sehr beschränkt gewesen zu sein, selbst wenn man alle Gebiete der exakten Wissenschaft, welche er verachtete, ausnimmt... Soweit ich es beurteilen kann, bin ich niemals einem Mann begegnet, der so wenig dazu angetan war, exakt wissenschaftliche Untersuchungen anzustellen.*

Schon im Juli 1837 begann Charles Darwin mit der ersten Notizensammlung für sein zentrales Werk *Über die Entstehung der Arten* (gedruckt 1859). Es entspricht der Gründlichkeit und langsam-bedächtigen Art seines Wesens, daß rund 21 Jahre vergingen, bis das Manuskript von ihm selbst als druckreif angesehen wurde. Doch die Grundgedanken des Artenwandels durch natürliche Selektion und das Überleben der für den Kampf ums Dasein am besten ausgerüsteten Spezies scheinen schon 1837 in ihm gelebt zu haben.

Aber zunächst beschäftigt er sich mit der Aufarbeitung seiner Weltreiseerfahrungen. So hurtig ihm die Niederschrift und Fertigstellung des Reisetagebuchs von der Hand gegangen ist, so mühsam kommt er mit seiner Arbeit über die *Korallen-Riffe* voran. Im September schreibt er an Lyell: *Ich fürchte, es wird mindestens vier oder fünf Monate dauern.* In Wirklichkeit vergingen vier Jahre, bis dieses

Werk veröffentlicht wurde. Denn inzwischen hatte sich bei ihm ein labiler Gesundheitszustand eingestellt, der fortan sein ganzes weiteres Leben überschattete. Das Thema «Unwohlsein» reißt von diesem Zeitpunkt bis zu seinem Tode nicht mehr ab. Viel ist von allen, die sich mit dem Leben Darwins beschäftigt haben, darüber diskutiert worden, welche Ursachen die ständigen gesundheitlichen Störungen hervorgerufen haben mögen. Manche Ärzte haben versucht, postum eine gültige Diagnose zu stellen, aber man ist über Vermutungen nicht hinausgekommen. Wir können nur die Tatsache verbuchen, daß Charles Darwins Gesundheitszustand durch gut vier Jahrzehnte äußerst labil war, kein Arzt ihm grundlegend helfen konnte und daß seine Arbeitsfähigkeit immer wieder lahmgelegt wurde.

In seine Anfangszeit in London (1839) fällt die einzig wirklich mißglückte Arbeit seines Lebens über die sogenannten Parallelstraßen von «Glen Roy» (Schottland). Freimütig bekennt er in seiner Autobiographie, daß seine eigene Hypothese falsch und die von Agassiz (1807–73) zutreffend sei. Er hatte der Meereseinwirkung zugeschrieben, was in Wirklichkeit Folge von Gletschertätigkeit war. *Diese Abhandlung war sehr verfehlt, und ich schäme mich sehr darüber.*

Verlobung und Ehebeginn

Über das Heiraten und die Ehe dachte der Junggeselle Charles Darwin nüchtern und bürgerlich. Er stellte für sich im voraus so etwas wie eine Gewinn- und Verlust-Kalkulation auf. Zunächst die Vorteile: *Kinder (wenn es Gott gefällt), dauernde Gefährten (Freunde im hohen Alter), die sich für uns interessieren und die wir lieben und mit welchen wir spielen, sicherlich besser als ein Hund. Ein Heim und jemand, der das Haus besorgt. Das Anziehende von Musik und weiblichem Geplauder. Diese Dinge sind gut für die Gesundheit.*

Auf der Minus-Seite bucht er: *Schrecklicher Zeitverlust und, wenn viele Kinder kommen, gezwungen zu sein, sein Brot zu verdienen.* Offenkundig ist ihm der Gedanke, um des täglichen Brotes willen in den «Kampf ums Dasein» eintreten zu müssen, besonders zuwider. Aber weiter, das Verlust-Konto ist noch nicht voll aufgezeichnet, es folgt: *Welche Mühe und Kosten, ein Haus zu erwerben und zu möblieren. Wie wäre es möglich, meiner Arbeit nachzugehen, wenn ich gezwungen wäre, täglich mit meiner Frau spazierenzugehen? Ich würde die französische Sprache nicht erlernen, den Kontinent nicht sehen, Amerika nicht besuchen und nie in einem Ballon aufsteigen können...* In dieser Hinsicht hat Darwin recht behalten. Tatsächlich

Charles Darwin. Aquarell von J. Richmond, 1839

Emma Darwin, geb. Wedgwood, um 1840

verließ er nach seiner Weltreise bzw. seiner Verheiratung die englische Insel nicht mehr, hat keine fremde Sprache erlernt, obwohl er sich zum Beispiel um das Studium der deutschen bemüht hat, und eine Ballonfahrt hat er schon gar nicht erlebt. Dabei ist es zu bezweifeln, daß diese Wunschträume an seiner Ehepartnerin gescheitert sind. Sein Hang zu einer bürgerlich umhüllenden Existenz setzten seiner Sehnsucht in die Ferne Grenzen. Vorteile eines Junggesellenlebens sieht er in der Möglichkeit: *Frei zu sein, um zu reisen, Gespräche mit klugen Männern in den Klubs zu führen* – doch er selbst wendet ein: *... aber es ist schlecht für die Gesundheit, so viel zu arbeiten. Was nützt es zu arbeiten ohne die Sympathie naher und lieber Freunde? ... Mein Gott, es ist unerträglich, daran zu denken, sein ganzes Leben als Arbeitsbiene zu verbringen, nur Arbeit und nichts danach. Nein, es wird nicht gehen. Sich vorzustellen, alle seine Tage einsam in einem rauchigen, schmutzigen Londoner Haus zu verbringen. Stelle dir eine liebe, sanfte Frau auf einem Sofa vor, an einem Kaminfeuer, und Bücher, vielleicht Musik, und vergleiche dieses Bild mit der trüben Realität von Great Marlborough Street.* Man versteht, daß er nach diesem bürgerlich-romantischen Abwägen von Vor- und Nachteilen einer Eheschließung das Resümee zieht: *Heiraten, heiraten, heiraten!* Man versteht aber auch, daß der Sohn Darwins, Francis Darwin, bei der Herausgabe des geistigen Nachlasses seines Vaters dieses Dokument von Ehrlichkeit und naivem Egoismus der Öffentlichkeit zunächst vorenthielt. Erst die Enkelin Nora Barlow hat dieses Tabu durchbrochen und damit den Weg für eine realistische Erfassung von Darwins Charakter ermöglicht. Zweimal berührt Darwin bei diesen Eheerwägungen das Kapitel Gesundheit. Es ist, als ob die Besorgnis um die eigene Gesundheit alles andere zurückstellt. «Zuviel Arbeit ist schlecht für die Gesundheit», darum muß man die negativen Begleiterscheinungen der Ehe in Kauf nehmen. Heim, Haus, Familie, Musik, Geplauder «sind gut für die Gesundheit» – also heiraten! Gewiß, so formuliert erscheint es überpointiert. Wahr aber ist, daß der große Charles Darwin – und er steht damit nicht allein – in manchen privaten Dingen ein ängstlicher Mensch gewesen ist. Am ängstlichsten aber stets dann, wenn es um seine Gesundheit ging. Von dieser Sorge um seinen leiblichen Zustand wurde er zeitweise geradezu tyrannisch beherrscht.

Das Schicksal hat es ihm nicht schwergemacht, die Frau für sein Leben zu finden. Seiner Neigung, sich nicht in ein aufregendes Abenteuer – gar ein gesundheitsschädigendes – zu stürzen, kam dies sehr entgegen. Waren doch die Familien Darwin und Wedgwood seit eh und je auf das engste miteinander verbunden. Charles Darwin brauchte sich also nicht weit umzusehen. Die Wahl fiel auf seine Kusine

Emma Wedgwood (1808-96), die Tochter seines geliebten Onkels Josiah Wedgwood. Dieser Bruder seiner Mutter Susannah und Besitzer der bedeutenden Porzellanfabrik Etruria wurde nun sein Schwiegervater. Natürlich kannten Darwin und seine Kusine sich von Kindheit an. Niemand kann heute sagen, zu welchem Zeitpunkt die beiden begannen, sich nicht nur als Vetter und Kusine zu betrachten. Man weiß nur, daß Darwin am 8. November 1838 nach Maer fuhr und drei Tage später die Verlobung gefeiert wurde. Auch der Termin für die Hochzeit wurde nicht lange hinausgeschoben. In London suchte und fand man eine Wohung, die das junge Paar aufnehmen sollte: Upper Gower Street Nr. 12 (dieses Haus wurde im Zweiten Weltkrieg durch eine Bombe zerstört). Es war eine kleine Wohnung, mit alten Möbeln eingerichtet. Darwin zog schon am 1. Januar dort ein. Am 29. Januar fand die Trauung in der Kirche von Maer statt. Die anschließende Feier ging in aller Stille vor sich. In Darwins Tagebuch findet sich unter dem 29. Januar 1839 die lakonische Eintragung: *Habe heute im Alter von dreißig Jahren in Maer geheiratet, bin nach London zurückgekehrt.*

Offenkundig hat es Darwin nicht gestört, daß seine Frau ein Jahr älter war als er selbst. Man hat den Eindruck, daß er nicht die Geliebte, sondern in erster Linie die Frau gesucht hat, die ihm die so lange entbehrte Mutterliebe zu ersetzen vermochte. Mit der ihm eigenen, ehrlichen Selbstkritik schreibt er gegen Lebensende über seine Frau, die ihn noch vierzehn Jahre überlebte: *Ihre verständnisvolle Güte mir gegenüber war immer beständig, und sie ertrug mit größter Geduld mein ewiges Klagen über Unwohlsein und über Unbequemlichkeiten... Mich setzt jenes außerordentliche Glück in Erstaunen, daß sie, ein Mensch, der seinen sittlichen Qualitäten nach unermeßlich höher stand als ich, einwilligte, meine Frau zu werden. Sie war mir während meines Lebens, das ohne sie lange Zeit durch Krankheit kläglich und unglücklich gewesen wäre, ein weiser Ratgeber und heiterer Tröster.*

Charles Darwin hätte sein Lebenswerk ohne die stete Tragekraft und den Beistand von Emma Darwin nicht vollenden können.

Die Zeit zwischen seinem achtundzwanzigsten und dreißigsten Lebensjahr hat Darwin wie einen geistigen Umbruch erlebt. Darum sieht er sich auch veranlaßt, bei der Darstellung dieser drei Jahre in seiner Lebens-Rückschau ein Kapitel über «Religiöse Ansichten» einzuschalten. Sowohl der Student als auch der Weltreisende Charles Darwin fühlte sich von einer religiösen Grundstimmung getragen, die keinen Zweifel an der Existenz Gottes aufkommen ließ. Sein aufgeschlossener Natursinn und seine Liebe zur Musik hatten ihm Erlebnisse des «Erhabenen», wie er es selbst gerne benannte, vermittelt. Noch an Bord der «Beagle» zitierte er den Offizieren des Schiffes gegenüber die Bibel als unwiderlegbaren Beweis für seine moralischen Anschauungen und mußte den Spott der Seeleute über sich ergehen lassen. Doch allmählich begann sich der Zweifel in ihm zu regen, ob die geschichtlichen Darstellungen, speziell des Alten Testamentes, zum Beispiel die Zerstörung des babylonischen Turmes mit den Folgen der Sprachverwirrung oder der Regenbogen als Friedenszeichen Gottes für Noah, wohl der irdischen Wahrheit entsprechen. Weiter fragte er sich, ob die heiligen Schriften der Hindus oder der mythische Glaube einfacher Völker nicht den gleichen Wirklichkeitsgehalt besitzen wie die Offenbarungen des Christentums. Entsprechend dem wachsenden Einfluß des Rationalismus der dreißiger und vierziger Jahre des 19. Jahrhunderts, als die Nachfolger von de La Mettrie, die klassischen Materialisten, zu wirken begannen, sagte sich Charles Darwin von dem Glauben seiner Jugend los. So kam er *allmählich dazu, nicht an das Christentum als eine göttliche Offenbarung zu glauben.* Interessanterweise malte er sich in seiner Phantasie aus, man würde eines Tages dennoch in Pompeji oder einer anderen Ausgrabungsstätte alte Briefe von bedeutenden Römern oder sonstige Handschriften finden, die den Wahrheitsgehalt der Evangelien vollauf bestätigen würden. Im Gegensatz zu solchen Träumen wurde es seinem Intellekt immer schwerer, den christlichen Glauben als ausreichend bewiesen anzusehen. *So beschlich mich ganz allmählich der Unglaube, bis ich schließlich gänzlich ungläubig wurde.* Diesen langsamen Prozeß des Glaubensschwundes erlebte Darwin als so konsequent, daß er später auch nicht eine einzige Sekunde an der Richtigkeit seines Schlusses gezweifelt hat. *Und in der Tat, ich kann es kaum begreifen, wie jemand, wer es auch sei, wünschen könne, die christliche Lehre möge wahr sein.* Man versteht, daß sein Sohn Francis diese entschiedene Absage an das Christentum bei der Veröffentlichung seinerzeit aus der *Autobiographie* herausgenommen hat.

Mit dem Christentum hat Darwin in der gekennzeichneten Weise etwa um sein achtundzwanzigstes Lebensjahr gebrochen. Damit aber war sein Glaube an einen göttlichen Daseinsgrund, im Sinne einer allgemeinen Frömmigkeit, so wie sie auch von gläubigen Mohammedanern gepflegt wird, nicht zerstört. Nur bemächtigte sich seiner auf diesem Feld zunehmend eine innere Unsicherheit. Alle Äußerungen – es sind nicht allzu viele, da sein vorsichtiger Charakter ihn mit dem geschriebenen und gesprochenen Wort sehr zurückhaltend umgehen ließ – zeigen solches Schwanken an.

Einerseits ist er überzeugt, daß *alles in der Natur das Ergebnis feststehender Gesetze ist,* zu deren Erklärung es keines Gottes bedarf. Auf der anderen Seite berührt ihn doch die Frage: *Wenn wir aber die endlosen wundervollen Anpassungen, denen wir überall begegnen, beiseite lassen, so kann man fragen, wie kann die allgemein wohltuende Anordnung der Welt erklärt werden?* Woher aber stammt das Leiden in der Welt, dem alle Kreatur unterworfen ist? Selbst wenn beim Menschen die Summe des Glücks die des Unglücks übersteigen sollte, ist doch das maßlose Leiden von Millionen von Tieren nicht einleuchtend verständlich. *Dieser sehr alte, der Existenz des Leidens entnommene Beweisgrund gegen die Existenz einer ersten Ursache* – er meint hier Gott – *schien mir viel Gewicht zu haben, während... das Vorhandensein von viel Leiden mit der Ansicht ganz gut übereinstimmt, daß alle organischen Wesen durch Abänderung und natürliche Zuchtwahl entwickelt worden sind.*

In diesem Rückblick auf seine religiöse Entwicklung bemerkt er: *Früher wurde ich durch Empfindungen... zu der festen Überzeugung von der Existenz Gottes und der Unsterblichkeit der Seele geführt.*

Er erinnert dabei an die großartige Natur des brasilianischen Urwalds, an die *höheren Gefühle des Erstaunens, der Bewunderung und der Ergebung, die den Geist erfüllen und erheben.* Doch er fährt fort: *Jetzt aber würden die großartigsten Szenen keine derartigen Überzeugungen und Empfindungen in mir entstehen lassen. Man könnte ganz zutreffend sagen, daß ich wie ein Mensch bin, der farbenblind geworden ist.*

Darwin war ein sehr sorgfältiger Beobachter seines eigenen Innenlebens. Diese Selbstcharakterisierung als eines Farbenblinden auf religiösem Feld verdient ernst genommen zu werden. Was ist ein Farbenblinder? Ein Mensch, bei dem die Wahrnehmungsfähigkeit für einen bestimmten Farbenbezirk ausfällt, der im übrigen aber klar und scharf zu sehen vermag. Dabei betonte Darwin ausdrücklich, daß er ursprünglich die Wahrnehmungsmöglichkeit besessen hat, sie aber unter dem Einfluß der eigenen Gedankenbildungen nach und nach, fast unmerklich, aber gründlich, verloren hat.

Gern wohnen Charles und Emma Darwin nicht in London. Zu sehr sind beide an das ungezwungene Leben auf dem Land und in der Kleinstadt gewöhnt. Doch so gut es geht richten sie sich in ihrem kleinen Haus ein und versuchen, so ruhig und zurückgezogen wie nur irgend möglich zu leben. Aber schließlich liegt es im wesentlichen Interesse Darwins, mit den bestimmenden Männern der Naturwissenschaft Englands in Verbindung zu kommen und diese Beziehungen zu pflegen. Der gesellschaftlichen Sitte folgend, geben die Neuvermählten am 2. April 1839 eine Abendgesellschaft, an der unter anderen Henslow, Lyell, Brown und der Arzt und Geologe Fitton mit ihren Frauen teilnehmen. Während die junge Frau Darwin sich gern und frei in dieser ihr neuen Atmosphäre bewegt, strengt ein solcher Abend Charles Darwin maßlos an. Am nächsten Tag vermag er vor Erschöpfung nicht seiner gewohnten Arbeit nachzugehen. Von nun an häufen sich in seinen Tagebucheintragungen Ausdrücke wie: *Verlor die Zeit wegen meines schlechten Gesundheitszustandes... Tage wegen Unwohlsein verloren... War sehr unwohl... Bin erkrankt... Erneut erkrankt... War faul und erkrankt.*

Dreieinhalb Jahre bleiben Charles und Emma Darwin in London. Aus Sorge um seine Gesundheit nehmen sie immer weniger am gesellschaftlichen Leben der Großstadt teil und entdecken, daß man auch – und gerade – in solchen Weltstädten sehr zurückgezogen und ruhig seine Tage verbringen kann. *Und wenn jemand in London ruhig lebt, dann gibt es eine unvergleichliche Ruhe.* Dem berüchtigten Londoner Nebel weiß Darwin seine Reize abzugewinnen: *Es liegt etwas Großartiges in seinen rauchigen Nebeln und den dumpfen entfernten Lauten der Droschken und Kutschen; wahrlich, Du kannst nun wohl sehen, ich werde durch und durch ein Londoner, und ich sonne mich in dem Gedanken, daß ich die nächsten sechs Monate hier sein werde.* (Brief an Fox, Oktober 1839.) Doch solche Empfindungen hat Darwin nur höchst selten geäußert, im Grunde litt er unter der Stadt, ihren vielen Menschen und den Anforderungen, die sein Posten als Sekretär der Geologischen Gesellschaft an ihn stellte. Infolge des dauernden Unwohlseins kam – zu seinem großen Kummer – die Arbeit über die *Korallen-Riffe* nicht vom Fleck.

Ende 1839, am 27. Dezember, wurde dem Ehepaar Darwin das erste Kind – ein Knabe – geboren. Er empfing den Namen William Erasmus. Ihm folgte, ebenfalls noch in London geboren, 1841 ein Mädchen, das sie Anna nannten. Dieses Kind starb, zur großen Trauer der Eltern, schon mit zehn Jahren.

Inzwischen war (1839) das Reisetagebuch als dritter Band des Gesamtberichtes der Expedition erschienen, gemeinsam herausgegeben von Fitz Roy und Darwin unter dem Titel *Journal and Remarks*. Es wurde von der englischen Öffentlichkeit gut aufgenommen. Die deutsche Übersetzung von Ernst Dieffenbach folgte 1844 in zwei Teilen. 1845 erschien die zweite, wesentlich verbesserte englische Auflage.

Darwins Start als wissenschaftlicher Reiseschriftsteller war geglückt, sein Ruf international begründet. Angesichts seiner inneren Unsicherheit und des geringen Selbstvertrauens hat ihm dieser erste

Erfolg viel Mut gemacht und Zutrauen zu weiteren Arbeiten eingeflößt. Er selbst bemerkt später: *Der Erfolg dieses meines ersten literarischen Erzeugnisses kitzelt meine Eitelkeit stets mehr als der irgendeines anderen meiner Bücher.*

Dorfkirche und Dorfstraße in Downe

DAS LEBEN IN DOWN

> *Mein Leben ist wie ein Uhrwerk,*
> *und ich bin an den Ort gefesselt,*
> *wo ich es enden werde.*
> (Brief an Fitz Roy, Oktober 1846)

Wie vorauszusehen, hielt es Charles Darwin nicht lange in London. Sein Widerwille gegen die Großstadt, seine Abneigung gegen gesellige Verpflichtungen und seine häufigen Erschöpfungszustände ließen ihn nach einem Landsitz suchen, auf dem er ungestört s e i n Leben leben und seinen wissenschaftlichen Arbeiten nachgehen könnte. Eine wissenschaftliche Lehrtätigkeit hatte ihn nie gereizt. Auch hätte er sich einer solchen Aufgabe rein körperlich nicht gewachsen gefühlt. *Aber der Besuch solcher Gesellschaften und die gewöhnliche Geselligkeit bekommen meiner Gesundheit so schlecht, daß wir uns*

entschlossen, auf dem Lande zu leben, was wir beide vorzogen und was wir nie bereut haben. Da er Sohn und Erbe eines wohlhabenden Arztes und Schwiegersohn einer reichen Fabrikantenfamilie war, gab es für ihn keine finanziellen Hindernisse, sich das Leben wunschgemäß aufzubauen und zu gestalten.

Um in Zukunft wenigstens von Zeit zu Zeit an den wichtigsten gesellschaftlichen Ereignissen der Metropole London teilnehmen zu können, suchten Charles Darwin und seine Frau in der Nähe der Stadt nach einem geeigneten Landsitz, denn sie mußten für Freunde und Reisende aus der Welt, an denen Darwin aus wissenschaftlichen Gründen interessiert war, erreichbar sein. So fanden sie Down House, unweit von dem kleinen Dorf Downe, südlich des Londoner Vorortes Bromley in der Grafschaft Kent. Dorthin zieht sich das junge Paar mit seinen zwei Kindern zurück. Der Umzug erfolgt am 14. September 1842. **Der Dreiunddreißigjährige hat seinen «Alterssitz» gefunden!** Hier faßt er Fuß, hier richtet er sein Leben so ein, wie es ihm gefällt und seinen Kräften angemessen ist, und hier erdenkt und schreibt er sein Lebenswerk, durch das er die Gedanken und Gemüter nicht nur der Naturforscher seines Volkes und seiner Zeit, sondern seines Jahrhunderts und weit darüber hinaus in Bewegung gebracht hat.

Mir gefiel das verschiedenartige Ansehen der einer Kreidegegend eigentümlichen Vegetation, die der so ungleich war, an welche ich in den Grafschaften des mittleren Teiles von England gewöhnt gewesen war; und noch mehr gefiel mir die außerordentliche Ruhe und Ländlichkeit des Ortes.

Von nun ab ist der Lebensgang Darwins im wesentlichen nicht mehr von äußeren Ereignissen, sondern von dem Erarbeiten und Veröffentlichen seiner wissenschaftlichen Leistungen geprägt. Er ist in seine Gedankenwelt so eingesponnen, daß er für die Zeit seiner Arbeit sein *tägliches Unbehagen vergessen*, ja vollständig überwinden kann. Nur die Geburten seiner Kinder, die rasch hintereinander

Down House, Straßenseite

erfolgen – 1842, 1843, 1845, 1847, 1848, 1850, 1851, 1856 – bringen Abwechslung in den mehr oder weniger monotonen Ablauf seiner Tage. *Aus meinem weiteren Leben habe ich daher nichts zu berichten, mit Ausnahme der Veröffentlichung meiner verschiedenen Bücher.*

Und doch kommt man zu einem unzutreffenden Bild Darwins, wenn man in ihm nur den einsamen Denker von Down sieht, der Bücher und Kinder erzeugt. So eigenständig die zentralen Gedanken in ihm entstanden und verarbeitet wurden, so sehr ist doch sein ganzes Lebenswerk aus dem stetigen Zusammenwirken mit einem bestimmten Kreis überragender Forscher hervorgegangen. Neben Charles Lyell sind es Joseph Hooker, Asa Gray und Thomas Huxley, alle drei jünger als Darwin, die sich zunehmend mit ihm persönlich und seinem Gedankengut verbinden. Ohne den regelmäßigen mündlichen und brieflichen Austausch mit diesen ihm herzlich befreundeten Männern wäre der «Darwinismus» niemals zu einer geistigen Großmacht geworden. «Teamwork», ein Begriff, der heute vor allem durch die Arbeit der Wissenschaftler in den USA bekannt ist, wurde in dem Kreis um Charles Darwin schon in der Mitte des 19. Jahrhunderts in achtunggebietender Weise praktiziert. Der Darwinismus ist sein Ergebnis.

*Charles Lyell.
Lithographie nach einer Zeichnung von G. J. Stodart*

Darum mag es angezeigt sein, auf das Leben dieser Freunde Darwins an dieser Stelle kurz einzugehen.

Charles Lyell (1797–1875)

Lyell nimmt in dem Quintett der Freunde eine Sonderstellung ein. Er ist mit Abstand der Älteste unter ihnen und stirbt auch als erster. Mit Hooker stand er in direkter Verbindung, während seine Beziehungen zu Asa Gray und Thomas Huxley nur über Darwin gingen.

Auch sonst unterschied Lyell sich von den anderen vier. Er war Weltmann und liebte die «große Welt» und ihr gesellschaftliches Leben. Sein Vater war ein reicher schottischer Gutsbesitzer, der bald nach Charles' Geburt seinen Wohnsitz nach Southampton verlegte. Dort besuchte der Knabe das humanistische Gymnasium. Anschließend studierte Lyell in Oxford die klassischen Fächer: Latein, Griechisch und Mathematik. Dann ging er nach London, um sich dort von einem Rechtsanwalt zum Juristen ausbilden zu lassen. Jetzt erst wurde er Geologe. Gleich Darwin hatte er sich in seiner Jugend für Insekten und Vögel interessiert. Durch Bakewells Buch «Geology» erwachte sein Interesse und seine Liebe zu dieser Wissenschaft. Der erste Band seines Standardwerkes «Principles of Geology» erschien 1830. Von diesem Augenblick an gehörte Lyell, dessen Ruhm sich schnell verbreitete, zur Weltklasse der Naturforscher. Darwin hielt viel von Lyell, auch wenn er keineswegs immer mit ihm übereinstimmte. *Wie es mir erschien, war sein Geist durch Klarheit, Vorsicht, gesundes Urteil und ziemlich viel Originalität ausgezeichnet. Wenn ich irgendeine Bemerkung über Geologie gegen ihn äußerte, ruhte er nicht eher, bis er den ganzen Fall klar übersah und bewirkte dadurch häufig, daß ich selbst klarer sah als zuvor.*

Eine zweite charakteristische Eigentümlichkeit war seine herzliche Sympathie mit den Arbeiten anderer wissenschaftlicher Männer. Dieses warme Interesse am geistigen Tun anderer hat Darwin durch Lyell reichlich erfahren.

Lyell hat im Laufe seines Lebens viel von der Erde gesehen. Sieben Jahre verweilte er im Ausland, davon mehr als zwei Jahre in den USA und in Kanada. Fast alle europäischen Länder kannte er aus eigener Anschauung. *Die Wissenschaft der Geologie ist Lyell ungeheuren Dank schuldig – ich glaube, mehr als irgendeinem anderen Mann, der je gelebt hat.*

Bei aller verehrenden Zuneigung, die Darwin für Lyell hegte, war er doch nicht blind für dessen menschliche Schwächen. *Er liebte die Gesellschaft sehr, besonders die Gesellschaft hervorragender Persönlichkeiten und Personen in gehobenen Stellungen, und diese übermäßige Hochachtung vor der Stellung, die ein Mensch in der Gesellschaft einnimmt, schien mir sein Hauptfehler zu sein.* Darwin hatte kein Verständnis für den Ernst, mit dem das Ehepaar Lyell ausgiebig die Frage diskutierte, ob diese oder jene Einladung zum Dinner angenommen werden solle oder nicht. Ironisch fügt Darwin hinzu: *Er war der Meinung, daß es in Zukunft eine große Belohnung für ihn sein werde, wenn er mit den Jahren immer häufiger die Abendgesellschaften besuchen könne. Aber zu diesen gesegneten Zeiten kam er nicht, denn seine Kräfte verließen ihn.*

Seit 1832 war Lyell mit der Tochter des Geologen Horner verheiratet. Die Ehe blieb kinderlos. 1848 wurde er geadelt, 1864 Baronet.

Nach langem Widerstreben nahm Lyell den Evolutionsgedanken an, die Erklärung durch Selektion lehnte er lebenslang ab.

Nicht unwichtig ist es, zu wissen, daß Lyell von Darwins Fähigkeiten eine hohe Meinung hatte. Noch vor dessen Rückkehr von der Weltreise schrieb er auf Grund von bereits eingetroffenen Reiseberichten an den Geologen Sedgwick: «Ich sehne mich danach, daß Darwin zurückkommt. Ich hoffe, Sie werden ihn nicht für Cambridge allein in Anspruch nehmen.» Lyell war es auch, der aktiv auf Darwin zuging und ihn erstmals zum Essen zu sich einlud. Die Freude aneinander war dann gegenseitig. Unbefangen schrieb Lyell im Juni 1841 über diese Empfindungen an Darwin: «Es wird nicht leicht zweimal in eines Menschen Leben vorkommen, daß ein kongenialer Geist seinen Weg kreuzt, der nach denselben Zielen strebt und befähigt ist, sie auf eigenem Wege zu verfolgen.»

JOSEPH HOOKER (1817–1910)

Ein ganz anderer Mensch als Charles Lyell war der Botaniker Joseph Hooker. Seine nähere Bekanntschaft – nach einer vorangegangenen flüchtigen Begegnung – machte Darwin 1843. Er hatte dieses Treffen von sich aus angestrebt und war froh, sein Ziel erreicht zu haben. Was Henslow ihm in dem ersten Jahrzehnt seines Biologendaseins bedeutete, wurde von nun an Hooker. Er wurde d e r Freund und Ratgeber Darwins in wissenschaftlichen, vor allem botanischen Fragen und in allen persönlichen Dingen. *Er ist entzückend und außerordentlich gutherzig. Man sieht auf den ersten Blick, daß er durch und durch ehrenhaft ist. Er besitzt einen sehr scharfen Verstand und ein großes Abstraktionsvermögen. Er ist der unermüdlichste Arbeiter, den ich je kennengelernt habe. Er kann den ganzen Tag über am Mikroskop sitzen, pausenlos arbeiten, aber am Abend ist er genauso frisch und gut aufgelegt wie immer.* In dieser Hinsicht also das extreme Gegenteil von Darwin, den jede Tätigkeit nach kurzer Zeit erschöpfte. *Er ist in jeder Hinsicht sehr impulsiv und etwas reizbar, aber die Wolken verziehen sich ebenso schnell wieder... Ich kannte kaum einen Menschen, der anziehender war als Hooker.* Hooker hat seinen Beruf sozusagen geerbt. Sein Vater, Sir William Hooker, war Direktor des Botanischen Gartens in Kew. Sein Sohn Joseph arbeitete zunächst zehn Jahre als sein Assistent und übernahm nach dem Tode des Vaters (1865) dessen Stelle. Zuvor nahm er an der Südpolar-

Expedition von James Ross teil. So lernte er Australien, Neuseeland, Südafrika und Südamerika kennen. Er selbst unternahm eine dreieinhalbjährige Reise in das Himalaja-Gebiet. Weitere größere Reisen folgten. Auf diese Weise wurde er ein ausgezeichneter Florenkenner. Zahlreiche Werke bekunden es. Sein Horizont reichte aber weit über seine Herbarien hinaus. Allseits, also auch musisch interessiert, war er an allgemeiner Bildung Darwin überlegen. Er überlebte alle Freunde. 1910 starb er als letzter von ihnen.

Asa Gray (1810–1888)

Asa Gray war der Sohn eines Gerbers und wurde als ältester von acht Geschwistern am 18. November 1810 in Paris geboren. Sein Vater wanderte in die Vereinigten Staaten aus und wurde dort ein wohlhabender Farmer. Mit noch nicht 18 Jahren entdeckte Asa Gray seine Liebe für die Botanik. Wie mancher andere Naturforscher der damaligen Zeit absolvierte er zunächst ein medizinisches Studium (Doktorat 1831). Zusammen mit John Torrey schrieb er die erste umfassende Flora von Nordamerika (1838–43). Einen Europaurlaub (1838/39) benutzte er, um möglichst viele Botaniker in England, Frankreich, Italien, Österreich, der Schweiz und Deutschland kennenzulernen. So entstand seine Verbindung zum Hause Hooker. Er pflegte Kontakt sowohl zu Sir William Hooker als auch zu dessen Sohn, der damals noch studierte. 1838 wurde Asa Gray an die Universität der Stadt Michigan, 1842 an die Harvard University in Boston berufen. Hier blieb er bis zu seinem Lebensende – ständig mit der Arbeit am Herbarium beschäftigt. «Meine ganze Seele ist in der Flora von Nordamerika» (Brief an Hooker, 1881).

Auch Asa Gray reiste viel. Fünfmal war er in Europa. Darwin lernte ihn 1851 bei Sir William Hooker kennen.

1848 heiratete Gray, die Ehe blieb kinderlos. Seine Frau half ihm bei seiner Arbeit und begleitete ihn auf Reisen. Nach seinem Tode schrieb sie seine Biographie.

Asa Gray ist ein ausgesprochen religiöser Mensch gewesen. Auch die Botanik sah er als Umgang mit einem bedeutenden Bereich der göttlichen Offenbarung an. «Der Glaube an eine Ordnung ist die Basis der Wissenschaft. Sie kann verständlicherweise nicht getrennt werden vom Glauben an einen Ordner, der Basis der Religion.» Aus frommem Gemüt schrieb er die Sätze: «Wenige werden den letzten Sinn einsehen, warum man soviel Zeit verbringt mit einem elenden kleinen Unkraut. Der Schöpfer scheint viel Mühe darauf verwandt

Der Botaniker Sir Joseph Hooker

zu haben, so daß ich nicht einsehe, warum ich nicht versuchen sollte, es durch und durch zu studieren.«

Für Asa Gray war der Sonntag noch ein Feiertag, an dem gewöhnliche Arbeit ruhen mußte. War er auf Reisen am Besuch des Gottesdienstes verhindert, hielt er für sich und seine Begleiter eine Andacht. Glauben und Wissen waren für ihn getrennte Gebiete, die sich wenig berührten. Die Evolutionslehre Darwins machte er sich zu eigen und wurde bald zu ihrem ersten wesentlichen Vertreter in den USA. Die Erklärung der sinnvoll funktionierenden Organismen durch den Gedanken der Selektion lehnte er ab. Er war – ähnlich wie auch Wal-

Asa Gray

lace – von der geistigen Sonderstellung des Menschen unter aller Kreatur überzeugt. Die materialistischen Folgerungen, die Ernst Haeckel aus der Lehre Darwins zog, waren seinem Geist zuwider. An allen botanischen Arbeiten Darwins nahm er besonderen und aktiven Anteil, wofür Darwin ihm von Herzen dankbar war.

Thomas Henry Huxley (1825–1895)

Thomas Huxley ist der Jüngste im Freundeskreis gewesen. In dem Jahr, in dem Darwin sein Studium in Edinburgh begann, wurde Huxley am 4. Mai 1825 in Ealing bei London geboren. Er entstammte

Thomas Henry Huxley

kleinen Verhältnissen. Sein Vater gab den Beruf als Lehrer auf und wurde Sparkassenangestellter. Nach einer ihn wenig beeindruckenden Schulzeit begann der frühreife Thomas Huxley in London Medizin zu studieren. Mit neunzehn Jahren veröffentlichte er seine erste wissenschaftliche Arbeit: «Die Anatomie der Haar-Scheiden». Nach Beendigung des Studiums wurde er Arzt in der englischen Marine. Von Dezember 1846 bis November 1850 begleitete er Kapitän Stanlay als Naturforscher auf einer Weltreise. Nach seiner Rückkehr veröffentlichte er in schneller Folge nicht weniger als 17 Arbeiten über niedere Meerestiere, durch die er sich einen Namen als Anatom und Zoologe machte. Seine Stärke war das Mikroskopieren, die zeichnerische Wiedergabe der Präparate und ihre intellektuelle Ausdeutung.

Mit 29 Jahren erhielt er den Lehrstuhl für Biologie und Paläontologie an der School of Mines in London. Unter Darwins Freunden war Huxley mit Abstand der beste Studentenlehrer.

Mit 30 Jahren heiratete er. Sechs Kinder gingen aus dieser Ehe hervor. Seine Enkel Aldous (Schriftsteller) und Julian (Biologe und Eugenetiker) haben heute Weltruf.

Darwin bewunderte das schnelle Reaktionsvermögen Huxleys, seinen Witz und seine Gescheitheit. Sehr froh war er, als 1860 der kluge Huxley ihm zur Seite trat und sein bester Mitstreiter im Kampf für den Evolutionsgedanken wurde. Ohne Huxleys aktive Mithilfe, so darf man wohl sagen, hätte der Darwinismus seinen Siegeszug nicht in der Weise antreten können, wie es geschah.

Obwohl auch Huxley seelisch labil war und zeitweise unter depressiven Stimmungen litt, hat er doch ein großes wissenschaftliches Werk hinterlassen. Im Gegensatz zu Darwin, der sich, sobald ihn das Unwohlsein übermannte, in die Einsamkeit von Down zurückzog, suchte Huxley Heilung durch Reisen. Von ihm schrieb Darwin: *Sein Verstand ist hell wie ein Blitz und messerscharf. Er ist der beste Gesprächspartner, den ich je kennengelernt habe. Was er schreibt und spricht, ist niemals lasch... Er ist mein engster Freund und ist immer bereit, mir jegliche Unannehmlichkeiten aus dem Wege zu räumen. Er ist in England der stärkste Vertreter des Prinzips der allmählichen Evolution der organischen Wesen.*

Versucht man – wenn es hier auch nur flüchtig möglich ist – die Schicksale der Freunde Darwins zu überblicken, so findet man einen erstaunlichen Reichtum an Welt- und Lebenserfahrung. Sie alle haben mehrere Erdteile betreten, zumeist auf jahrelangen Weltreisen. Zusammen kannten sie fast die ganze Erde. Selten – oder nie? – hat ein so kleiner Freundeskreis eine vollständigere Kenntnis von Pflanzen, Tieren, den geologischen Schichten und den versteinerten Lebewesen gehabt, wie dieser. Es ist dies eine wesentliche Voraussetzung dafür geworden, daß der Entwicklungsgedanke des Darwinismus nicht als Theorie in der Schwebe blieb, sondern durch Detailkenntnis zuverlässig unterbaut wurde. Goethe schrieb einst über seine Metamorphosenlehre, daß sie als Idee eine «höchst gefährliche Gabe von oben sei», eine «vis centrifuga», die das Wissen leicht auflösen könne, wenn ihr nicht eine Gegenkraft, eine «vis centripeda», hinzugefügt würde. Er nannte sie den «Spezifikationstrieb». Der Bund der fünf Inauguratoren des Darwinismus verfügte über einen solchen gesunden Spezifikationstrieb. Daß sie im Gegensatz zu der in den gleichen Jahrzehnten ihres Wirkens untergehenden abendländischen Naturphilosophie sich nicht in geistigen Allgemeinheiten ergingen, sondern daß jeder in seiner besonderen Art den Evolutionsgedanken durch Details aus der sinnlich beobachtbaren Welt zu belegen wußte, gab ihren Reden und Schriften die Überzeugungskraft. Daß sie damit auf dem Erkenntnisfeld in die Gefahr einer neuen Einseitigkeit gerieten, ist eine andere Sache. Es gehört nicht viel dazu, die außerordentliche Einseitigkeit der darwinistischen Gedanken zu sehen. Aber ohne diese massive und zugleich auch grandiose Einseitigkeit wäre der «bedeutsamste Gedanke der zweiten Jahrhunderthälfte» (Rudolf Steiner) nie zum Durchbruch gelangt. Doch davon später.

DIE GEOLOGISCHE UND DIE ZOOLOGISCHE
PERIODE

Im Juli 1841 – *nach einem Zeitraum von mehr als dreizehn Monaten* – nimmt Darwin seine Arbeit an den *Korallen-Riffen* wieder auf. Jetzt endlich gelingt ihm die Fertigstellung. Im Januar 1842 kann er das Manuskript in die Druckerei schicken. *Ich begann dieses Werk vor drei Jahren und sieben Monaten. In dieser Zeit sind ungefähr zwanzig Monate (außer der Arbeit an der Reise der «Beagle») darauf verwendet worden.*

Durch dieses Buch hat Darwin sich unter den Geologen sofort bekanntgemacht. Die Entstehung der merkwürdigen Insel-Ringbildungen aus Korallengestein mitten im Ozean hatte man schon häufiger diskutiert, ohne daß eine allseits einleuchtende Erklärung gefunden wurde. Nun trat Darwin mit einer Theorie auf, die gerade ihrer Einfachheit wegen die Fachleute in Erstaunen setzte. Der Geologe Professor Archibald Geikie erinnert sich an das Erscheinen der *Korallen-Riffe*: «Es ist ein Vergnügen, sich nach dem Verlaufe vieler Jahre das Entzücken in die Seele zurückzurufen, mit welchem man zum erstenmal die *Korallen-Riffe* gelesen hat; wie man wahrnahm, in welcher Weise die Tatsachen an ihren Platz kamen, wobei nichts übersehen oder leichthin übergangen war, und wie man Schritt für Schritt auf die großartige Folgerung weit ausgedehnter ozeanischer Senkung geführt wurde. Kein bewunderungswürdigeres Beispiel war jemals der Welt dargeboten worden, und selbst wenn er weiter nichts geschrieben hätte, würde diese Abhandlung allein Darwin in die vorderste Reihe der Erforscher der Natur gestellt haben.»

Lyell, der sich selbst manchen Gedanken über die Bildung von Korallenbänken gemacht hatte, war großzügig genug, seine eigenen Theorien fallenzulassen und die Version Darwins anzunehmen. Schon 1837 hatte er in einem Brief an Herschel den Grundgedanken Darwins mit den Worten ausgesprochen: «Korallen-Inseln sind die letzten Anstrengungen untersinkender Kontinente, ihre Häupter über Wasser zu halten. Regionen von Hebungen und Senkungen im Ozean können nach dem Zustand der Korallenriffe bestimmt werden.»

Nach Fertigstellung seines Reisetagebuchs und nach Veröffentlichung der *Korallen-Riffe* begann Darwin unmittelbar anschließend mit der nächsten größeren geologischen Arbeit. Vom Sommer 1842 bis Januar 1844 schrieb er über «Vulkanische Inseln». Das Werk erschien unter dem Titel *Geological Observations on the Volcanic Islands* 1844, die zweite Ausgabe 1876. Eine deutsche Übersetzung von J. Victor Carus, *Geologische Beobachtungen über die vulkanischen In-*

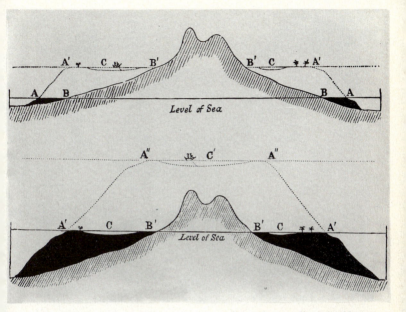

Schema der Korallenriff-Bildung

seln, mit kurzen Bemerkungen über die Geologie von Australien und dem Kap der Guten Hoffnung, entstand nach der zweiten Auflage 1877. Dieses Buch enthält die Beschreibung aller Phänomene vulkanischer Wirksamkeit, so wie sie Darwin auf seiner Weltreise unter anderem auf den Inseln St. Jago, Fernando Noronha, Tahiti, Mauritius, dem St. Pauls-Felsen, Ascensión, St. Helena und dem Galapagos-Archipel kennengelernt hatte. Darwin verzichtete in dieser Arbeit weitgehend auf intellektuelle Interpretation und erweist dadurch um so mehr seine Meisterschaft in der reinen Beschreibung. Der Leser wird mehr als einmal daran erinnert, daß Darwin die Reisebeschreibung Alexander von Humboldts auf die Weltreise mitgenommen und an Bord gründlich studiert hatte. Man spürt in Darwins Stil den großen Lehrmeister. Eine ähnlich vorzügliche Arbeit des geologischen Phänomenologen Darwin schloß sich dieser Vulkan-Arbeit an. Von Juli 1844 bis April 1845 ist Darwin mit dem Schreiben der *Geologie von Südamerika* beschäftigt, die 1846 erscheint (*Geological Observations on South America*).

Mit diesen drei Werken über die *Korallen-Riffe, Vulkanische Inseln* und die *Geologie Südamerikas* befaßte sich Darwin fünf Jahre, von 1841 bis 1846. Sein Sohn Francis nennt diese Jahre mit Recht

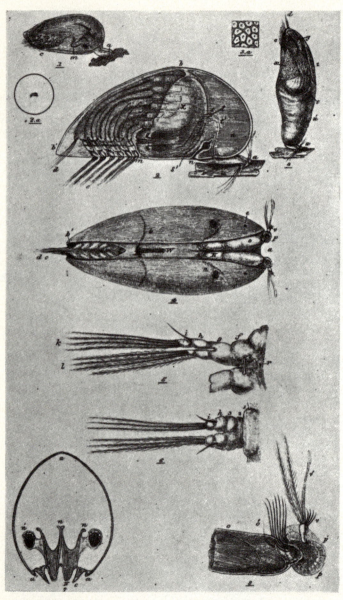

*Aus der Monographie
über Cirripedia*

die «geologische Periode» im Leben seines Vaters, auf die nun von Oktober 1846 bis Oktober 1854 eine Periode der Zoologie folgte.

Im Laufe von acht Jahren – er arbeitete mit der ihm eigenen Zähigkeit – entstand die *Monographie der Rankenfüßler*, der Cirripedia. In zwei Bänden (zusammen fast 1100 Seiten) erschien dieses Werk, herausgegeben von der Roy Society 1851 und 1854. Parallel dazu schrieb er über die fossilen Cirripedia, die ihrerseits von der Palaeontographical Society gleichfalls in den Jahren 1851 und 1854 herausgebracht wurden.

Die Anregung zum Studium dieser verhältnismäßig wenig bekannten Tiergruppe der Rankenfüßler, zu denen vor allem die Entenmuscheln und Seepocken gehören, empfing Darwin an der Küste von Chile. Dort fand er eine *äußerst merkwürdige Form*, die er nicht einzugliedern wußte. So begann er, um den Bau dieses einen Rankenfüßlers zu verstehen, viele ähnliche Formen zu studieren. Ursprünglich ist es nicht seine Absicht gewesen, daraus ein größeres Werk entstehen zu lassen. Auch hatte ihn der Gedanke des Artenwandels schon so ergriffen, daß es – von außen gesehen – näher gelegen hätte, die bereits reichlich vorhandenen Notizen zu einer abgerundeten Arbeit zu ergänzen. Aber das Leben Darwins nahm einen anderen Gang. Alle seine bisherigen wissenschaftlichen Leistungen atmeten etwas von der Weite der Kontinente und Meere. Mit der Cirripedia-Monographie begann Darwin den «Spezifikationstrieb» zu wissenschaftlicher Exaktheit zu steigern. Außerdem erwarb er sich durch diese Arbeit den Ruf eines die Einzelheiten sehr behutsam und genau beobachtenden Forschers. Thomas Huxley kennzeichnete den Wert, den diese «Zwischenarbeit» im Leben Darwins einnimmt, in einem Brief an Francis Darwin: «Meiner Meinung nach hat Ihr scharfsinniger Vater niemals etwas Weiseres getan, als daß er sich den Jahren geduldiger Mühe hingab, welche ihm das Cirripedia-Buch kostete.

Wie wir anderen hatte er keine geeignete Lehre in biologischer Wissenschaft durchgemacht, und es hat mich immer als ein merkwürdiges Beispiel seiner wissenschaftlichen Einsicht berührt, daß er die Notwendigkeit einsah, sich selbst eine solche Lehrzeit zu verschaffen, und seines Mutes, daß er die Mühe nicht scheute, eine solche zu erlangen... In physischer Geographie, in der eigentlichen Geologie, in der geographischen Verbreitung und in der Paläontologie hatte er eine ausgedehnte praktische Schule während der Reise der ‹Beagle› durchgemacht... Das, was ihm nach seiner Rückkehr nach England noch notwendig war, war eine entsprechende Bekanntschaft mit Anatomie und Entwicklungsgeschichte und deren Beziehung zur Taxionomie – und er erlangte dieselbe durch sein Werk über die Cirripedia.»

Erst durch diese Arbeit wurde Darwin zum Typ eines Naturwis-

Entenmuschel

senschaftlers der zweiten Hälfte des 19. Jahrhunderts. Die erste Hälfte stand noch wesentlich unter dem Einfluß der «Naturphilosophen» und ihrer deduktiven Methode, aus deren Geist heraus der große Johannes Müller erklärt hatte: «Der Naturforscher erfährt die Natur, auf daß er sie denke.» Doch mit der wachsenden Bedeutung, die das Mikroskop in der Biologie des 19. Jahrhunderts erhielt, stieg auch das Mißtrauen gegen «das Denken der Natur», soweit es sich nicht Schritt für Schritt von der Sinnen-Beobachtung leiten ließ. Philosophie wurde mehr oder weniger mit Spekulation gleichgesetzt. Das Pendel schlug zur Gegenseite aus. Die Forschung geriet unter die Tyrannei einseitiger Sinnes-Wahrnehmung, die das Denken versklavte und unschöpferisch machte. Es war in des Wortes genauer Bedeutung z e i t - g e m ä ß, daß Darwin um die Jahrhundertmitte an Hooker schrieb: *Wie Sie sagen, liegt in der reinen Beobachtung ein außerordentliches Vergnügen... Nachdem ich soviel Zeit darauf verwendet habe, meine alten geologischen Beobachtungen niederzuschreiben, ist es entzückend, meine Augen und Finger wieder zu gebrauchen.* Dabei denkt er an seinen nun notwendig werdenden Umgang mit Lupe, Präparier-Mikroskop und Voll-Mikroskop. Daß jahrelanges Mikroskopieren nicht ohne Folgen für die seelische Entwicklung des Mikroskopierers bleibt, ist selbstverständlich. Robustere Naturen als Darwin pflegen das kaum zu merken, aber Darwin litt unter der Einseitigkeit seines Tuns und dementsprechend war sein Zustand: *Ich glaube, ich habe während der letzten drei Jahre nicht einen Tag oder vielmehr eine Nacht gehabt, ohne daß mein Magen sehr gelitten hätte, und an den meisten Tagen waren meine Kräfte sehr geschwächt... Ich glaube, viele meiner Freunde halten mich für einen Hypochonder.* (Brief an Hooker, 1845.) Und 1849 die Tagebuchnotiz: *1. Januar bis 10. März. Gesundheitszustand sehr schlecht, mit vielem Übelsein und gesunkenen Kräften. An allen gesunden Tagen gearbeitet.*

Von nun ab sucht er häufig Hilfe durch Kuraufenthalte, als ersten eine Wasserheilbehandlung im Sanatorium des Dr. Gully in Malvern. Seiner Selbstbeobachtung entgeht es nicht, daß bei ihm leibliche Gesundheit und intellektuelle Regsamkeit in einem umgekehrten Verhältnis zueinander stehen. *Ich nehme jetzt an Gewicht zu und habe dreißig Tage lang keinen Anfall von Übelkeit gehabt,* doch sieht er dies im Zusammenhang mit der Wasserkur, welche die ganz außerordentliche Wirkung hat, *daß sie Indolenz und Stillstand des Geistes hervorbringt: bis ich es erfahren habe, würde ich es nicht für möglich gehalten haben.*

ZUR VORGESCHICHTE DES BUCHES
«DIE ENTSTEHUNG DER ARTEN»

Nachdem die achtjährige Arbeit über die Rankenfüßler beendet war und die gedruckten Exemplare ihren Weg in die Welt genommen hatten, begann – laut Eintragung in sein Tagebuch – Charles Darwin am 9. September 1854 mit der Ordnung und Gliederung seiner im Laufe von fast zwei Jahrzehnten gesammelten Notizen über das Problem des Artenwandels. Zweifellos kamen ihm seine ersten Bedenken gegen das theologisch-naturkundliche Dogma von der «Konstanz der Arten», so wie es die beiden großen Biologen vor Darwin, der Schwede Carl von Linné (1707–78) und der Franzose Baron Georges Cuvier (1769–1832), noch lehrten, während seiner Weltreise beim Besuch Südamerikas (1832–34) und der pazifischen Galapagos-Inseln im September 1835. [5] Damals war Darwin sechsundzwanzig Jahre alt und hatte, außer dem Buch seines Großvaters Erasmus und einer flüchtigen Kenntnisnahme von Lamarcks Bemühungen, keine fremden Gedanken über das Entwicklungsgeschehen der Organismen aufgenommen. Die Erfahrungen seiner Reise zwangen ihn, über die Tatsachen und die bewirkenden Ursachen der Artenbildung nachzudenken. Vielfache Grabungen, die im Verlauf der Expedition im südamerikanischen Boden vorgenommen wurden, hatten, wie wir sahen, eine Fülle von Fossilien und Versteinerungen von Schalen und Knochen einstiger Lebewesen zutage gefördert. Natürlich hatte Darwin auch vorher schon Kenntnis von fossiler Flora und Fauna gehabt. Nun aber stand auf Grund reicher eigener Wahrnehmungen das Faktum unausweichlich vor ihm: einst – vor langen Zeiten – gab es auf Erden Pflanzen und Tiere, die wesentlich anders gestaltet waren als die heute vorhandenen. Sie sind im Laufe der Erdgeschichte weniger und weniger geworden und schließlich ausgestorben. Andere sind an ihre Stelle getreten. Wie aber hängen sie mit ihren Vorgängern zusammen? Die Antwort der Cuvier-Schule auf diese Frage befriedigte ihn nicht, denn sie lautete, daß durch Erdkatastrophen jeweils eine bestimmte Flora und Fauna vernichtet wurde. Die neue ist dann so geschaffen, wie es der Schöpfungsbericht der Bibel beschreibt – von Gott. Mit dieser Aussage war dem Denken eine unüberwindbare Schranke gesetzt, die Darwin nicht akzeptieren konnte. Eine andere Tatsache, die Darwin auf der Reise in immer neuen Variationen entgegentrat, hatte seine Gedanken noch stärker gefesselt. Für ihn bestand kein Zweifel, daß die Galapagos-Inseln niemals zum südamerikanischen Festland gehört haben, sondern in verhältnismäßig später Zeit durch Vulkanausbrüche über die Meeresoberfläche erhoben wurden. Zu seiner Überraschung fand aber Darwin, daß die

Pflanzen- und Tierwelt, obwohl unter anderen Bedingungen als auf dem südamerikanischen Festland lebend, dieser dennoch verwandt war. Andererseits fand er zahlreiche Arten, die in dieser Form nur auf den Galapagos-Inseln existierten. Der Grund für seine Überraschung war, daß zahlreiche Vögel, Reptilien, Schaltiere, Insekten, Pflanzen mit denen der Ebenen Patagoniens oder der heißen Wüsten des nördlichen Chile zwar verwandt, doch ihnen nicht gleich, zwar ähnlich, aber nicht identisch waren. Warum wurden, so fragte Darwin sich, alle diese Arten nach amerikanischen Organisationstypen geschaffen und sind doch deutlich von den Festlandarten zu unterscheiden? Bei seiner gründlichen Art und Weise, Beobachtungen anzustellen, stieß er darauf, daß dieses Prinzip von Verwandtschaft und Differenzierung sogar von Insel zu Insel Gültigkeit hatte. *Es wäre mir doch nicht im Traume eingefallen, daß ungefähr fünfzig oder sechzig Meilen voneinander entfernt liegende Inseln, die meisten in Sichtweite voneinander, aus genau denselben Gesteinen bestehend, in einem ganz gleichartigen Klima gelegen und bei nahezu derselben Höhe sich erhebend, verschiedene Bewohner haben sollten; wir werden aber sofort sehen, daß dies der Fall ist.* Anschließend teilt er in seinem Reisebericht eine Fülle von Einzelheiten mit, die bestätigen, daß jede Insel ihre Spezialflora und -fauna hat: Schildkröten, Spottdrosseln und vor allem Finken, aber auch Insekten und Pflanzen. Darwin faßt seine Beobachtungen in dem Satz zusammen: *Überblickt man die hier mitgeteilten Tatsachen, so ist man über das Gesamtergebnis an schöpferischer Kraft, wenn ein derartiger Ausdruck gestattet ist, erstaunt, die sich auf diesen kleinen, nackten und felsigen Inseln entfaltet hat; und noch mehr über ihre verschiedenartige, aber ähnliche Wirkung auf so nahe beieinander gelegenen Punkten.* Beide Erfahrungsbereiche, sowohl die paläontologischen Verhältnisse Südamerikas als auch die Pflanzen- und Tiergeographie der Galapagos-Inseln, verbunden mit der Überfülle von weiteren Landschaftseindrücken und dem Studium der Menschenrassen, haben die geeigneten Ausgangspunkte für d a s Lebensproblem Darwins geliefert, für das Verständnis des Artenwandels.

Daß seine Gedanken zwar früh, aber doch sehr langsam herangereift sind, wird deutlich an einem Vergleich der ersten Auflage (1839) des Reisetagebuchs mit der zweiten (1845). So findet sich in der zweiten Ausgabe ein Satz, der in der ersten noch fehlt, über die Verwandtschaft zwischen ausgestorbenen und lebenden Faultieren, Ameisenfressern und Gürteltieren: *Diese wunderbare Verwandtschaft zwischen den toten und den lebenden Tieren eines und desselben Kontinents wird, wie ich nicht zweifle, später mehr Licht auf das Erscheinen organischer Wesen auf unserer Erde und auf das Ver-*

Georges Cuvier

schwinden von ihr werfen als irgendeine andere Reihe von Tatsachen.

Nicht schwer ist es, diesen Zeilen – wahrscheinlich 1844 niedergeschrieben – das Programm der Paläontologie zu entnehmen, wie es durch Darwins späteres Lebenswerk gefordert wurde.

In der Zeit zwischen Juli 1837 und Februar 1838 hat Darwin zum erstenmal versucht, seine Gedanken über den Ursprung der Arten festzuhalten. Leider hat er viele Seiten – vermutlich, um sie der fortschreitenden Arbeit einzugliedern – aus seinem Notizblock herausgerissen, und so ist das Erhaltengebliebene nur ein Fragment. Auch ist der Stil äußerst flüchtig, wie Notizen für den Privatgebrauch es zumeist sind. Und doch genügt das Vorhandene, um zu erhärten, daß Darwin mit den Grundgedanken seines 21 Jahre später erschienenen Werkes schon vor seinem dreißigsten Lebensjahr umging. Wir lesen: *Der Baum des Lebens sollte vielleicht Korallenstock des Lebens genannt werden, Basis der Zweige abgestorben, so daß Übergänge nicht zu sehen sind.*

Nachdem nun fast ein Jahrhundert lang die Phylogenetiker von «Stammbäumen» gesprochen haben, neigen sie heute zu Darstellungen, die mehr den Charakter von «Stammsträuchern» haben, das heißt sie kehren zu der Vorstellung Darwins zurück, die mit dem Korallenstock-Vergleich gemeint ist. *Alle Tiere von derselben Spezies sind miteinander verbunden, genauso wie Knospen von Pflanzen, welche zu einer Zeit absterben, obschon sie entweder früher oder später erzeugt waren.*

Mit dem Glauben an Transmutation und geographische Gruppierung werden wir zu dem Versuche geführt, die Ursache der Veränderung zu entdecken; die Art und Weise der Anpassung – Instinkt und Bau bieten reiche Veranlassung zur Spekulation und Beobachtung.

Wenn wir unsere Mutmaßungen mit dem Verstand durchgehen lassen wollten, dann könnten die Tiere, unsere Brüder und Genossen in Schmerz, Krankheit, Tod, Leiden und Hungersnot – unsere Skla-

ven in den mühsamsten Arbeiten, unsere Genossen bei unseren Vergnügungen –, sie könnten Teil haben an unserem Ursprung von einem gemeinsamen Vorfahren ...

Die Idee war ergriffen. Nun galt es für Darwin, sie in immer klarere Begriffe zu fassen und mit Beobachtungsmaterial zu unterbauen.

Fünf Jahre später notierte er in sein Tagebuch: *1842, 18. Mai. Nach Maer gegangen. 15. Juni nach Shrewsbury und am 18. nach Capel Curig. Während meines Aufenthaltes in Maer und Shrewsbury schrieb ich (fünf Jahre nachdem ich angefangen hatte) eine Bleistiftskizze meiner Speziestheorie nieder.* Diese Aufzeichnungen erweiterte er 1844 zu einem Gesamtentwurf, der von einer anderen Hand als der seinen auf 231 Seiten niedergeschrieben wurde und den er durchgesehen und korrigiert hat. Diese Skizze enthält im wesentlichen bereits die Grundgedanken des erst nach Ablauf weiterer fünfzehn Jahre (1859) erscheinenden Hauptwerkes.

Jean Lamarck

Am 5. Juli 1844 schreibt Darwin an seine Frau: *Ich habe soeben meine Skizze meiner Speziestheorie beendet. Wenn, wie ich glaube, meine Theorie mit der Zeit auch nur von einem kompetenten Beurteiler angenommen wird, wird es ein beträchtlicher Fortschritt in der Wissenschaft sein.* Er ist durchdrungen davon, daß es sich bei dieser «Skizze» um etwas für die Erkenntnis der Lebensgesetze in der Natur Wesentliches und Grundsätzliches handelt. Auf keinen Fall darf darum das Manuskript verlorengehen. Im gleichen Brief trägt der Fünfunddreißigjährige Vorsorge für den Fall seines Todes. Er setzt 400 englische Pfund aus – die auch auf 500 erhöht werden dürfen –, mit denen ein Herausgeber der Skizze und der auf Zetteln vorhandenen weiteren Zusätze bezahlt werden sollte. Auch nennt er die Namen derer, die er für diese Arbeit als fähig erachtet: *Lyell, Forbes, Henslow, Hooker, Strickland. In dieser Reihenfolge sollten sie gefragt werden.* Zehn Jahre später schrieb er auf die Rückseite dieses

Charles Darwin im Alter von 40 Jahren. Zeichnung von T. Magire, 1849

als Testament gemeinten Briefes: *Hooker bei weitem der beste Mann, mein Spezies-Buch herauszugeben, August 1854.*

Es war ein Akt der Weisheit, insgesamt 21 Jahre vom ersten Aufleuchten der Idee bis zur Vollendung des Manuskriptes verstreichen zu lassen. Niemals hätte das Werk sonst jene Konzentration erhalten, der es seine durchschlagende Überzeugungskraft verdankt. Nicht nur Darwin selbst, sondern auch die Zeit war inzwischen herangereift, den Gedanken der Evolution, der Entwicklung aller Lebewesen so aufzunehmen, daß er nie mehr verloren werden kann. Auch hätten, da bald nach Erscheinen des Buches leidenschaftliche Gegenangriffe erfolgten, 15 Jahre früher weder Hooker noch Huxley auch nur annähernd – als geschulte Biologen – Bundesgenossen für Darwin sein können, wie sie es nach 1859 vermochten. Im Jahre 1844 war Hooker als Siebenundzwanzigjähriger eben erst von seiner Weltreise zurückgekehrt und stand am Anfang seiner Laufbahn als Botaniker, Huxleys Eintreten für Darwin wäre – zu dieser Zeit war er neunzehn Jahre alt – ohne jede Bedeutung geblieben. Wie man es auch ansehen mag, das Erscheinen des Buches *Entstehung der Arten durch natürliche Zuchtwahl* erfolgte «schicksalsgerecht» im Leben Darwins und in der Geschichte der biologischen Forschung der Neuzeit – weder zu früh noch zu spät, sondern im rechten Augenblick.

WALLACE UND DARWIN

Ein seltsames Schicksal verbindet Alfred Russel Wallace (1823–1913) mit Charles Darwin. [6] Wallace war vierzehn Jahre jünger als Darwin. Er stammte aus sehr einfachen Verhältnissen. Im Gegensatz zu Darwin mußte Wallace sich seinen Weg zum Naturforscher sauer erarbeiten. Nach Berufsepisoden als Uhrmacher, Landmesser und Lehrer wagte er, zusammen mit dem Zoologen H. W. Bates, im Alter von 25 Jahren auf eigenes Risiko eine erste Tropenreise nach Südamerika in das Amazonasgebiet. Von den Einnahmen für die nach England mitgebrachten Sammlungen und aus dem Honorargewinn für zwei Bücher, einer Reisebeschreibung und einer Arbeit über die Palmen des Amazonasgebietes, führte er eine zweite Reise allein durch, die ihn acht Jahre auf den Inseln des Malaiischen Archipels festhielt. Der überwältigende Reichtum der dortigen Flora und Fauna ließ Wallace – völlig unabhängig von Darwin – den Gedanken des Artenwandels und der Bedeutung des Selektionsprinzipes durch den «Kampf ums Dasein» finden. In einem Aufsatz, der 1855 in «Annals of Natur-History» erschien, stellt er die «Theorie der stufenweisen Veränderung» aller Organismen dar und fügt hinzu, daß ihm dieser Gedanke schon «vor etwa zehn Jahren» gekommen sei. Wir werden damit in das Jahr 1845 geführt, also in unmittelbare Nähe des Zeitpunktes, da Darwin seine erste Skizze über seine Theorie niederschrieb. Deutlicher können diese Tatsachen nicht davon sprechen, daß die Idee des Artenwandels «in der Luft lag». Erstaunlich, mit welcher Klarheit Wallace die ihm bekannten Fakten der Pflanzen- und Tiergeographie, der Geologie und Paläontologie und sogar die Phänomene der rudimentären Organe zusammenschaute, um auf Grund des «Systems natürlicher Verwandtschaften» das Gesetz der Evolution auszusprechen, nach dem «eine jede Art sowohl dem Raume als auch der Zeit nach in Erscheinung getreten ist». Diesen Satz schrieb Wallace im Februar 1855 in Sarawak auf der Insel Borneo nieder. Darwin wird diesen Artikel bald nach Erscheinen gelesen und mit Erstaunen die Geistesverwandtschaft zwischen den Gedanken Wallaces und seinen eigenen wahrgenommen haben. Dann empfing er einen Brief von Wallace – datiert: 10. Oktober 1856, auf Celebes. Leider ist dieser Brief nicht selbst, sondern nur die Antwort Darwins erhalten geblieben. Darin finden wir die erste Anerkennung für die in gleiche Richtung tendierenden Gedanken von Wallace: *Was den Aufsatz in den Annals betrifft, so stimme ich der Richtigkeit beinahe jeden Wortes in dem Aufsatz zu; und ich denke wohl, Sie werden darin mit mir übereinstimmen, daß es sehr selten ist, jemand zu finden, welcher mit einem theoretischen Aufsatz eines anderen ziemlich vollständig übereinstimmt... In diesem Sommer werden es zwanzig Jahre (!), daß ich mein erstes Notizbuch anfing über die Frage, wie und auf welche Weise werden Spezies und Varietäten voneinander verschieden.*

Im Februar 1858, drei Jahre nach der Niederschrift seines ersten Aufsatzes, befindet sich Wallace auf der Molukken-Insel Ternate. Hier schreibt er seinen zweiten Artikel «Über die Tendenz der Varietäten, unbegrenzt von dem Originaltypus abzuweichen». In dieser Schrift steht der zentrale Satz: «Das Leben wilder Tiere ist ein Kampf ums Dasein.»

Die Überlegungen, die Wallace anstellt, sind wieder fast identisch mit denen Darwins. Die Tatsache, daß fast alle Pflanzen und Tiere mehr Nachkommen erzeugen, als am Leben bleiben können, führt auch Wallace zu der Einsicht, daß überall in der Natur ein Kampf ums Dasein herrscht, «in dem die schwächsten und am wenigsten vollkommen organisierten stets unterliegen müssen». So erklärt sich, «daß die Tierbevölkerung eines Landes im allgemeinen stationär ist, da sie durch einen periodischen Mangel an Nahrung und durch andere Hindernisse niedergehalten wird».

Alfred R. Wallace

Wäre das nicht so, müßte ja, gemessen an der Zahl der Nachkommen, eine unvorstellbare Zunahme aller Pflanzen und Tiere erfolgen. Wallace errechnete, daß zum Beispiel von einem einzigen Vogelpaar durchschnittlich in 15 Jahren eine Nachkommenschaft von fast zehn Millionen Exemplaren vorhanden sein würden. Dabei haben Vögel im Vergleich zu anderen Tiergruppen nur eine geringe Anzahl an Jungen. Ein einziger weiblicher Frosch vermag 30 000 Eier zu laichen. Wenn alle 30 000 befruchtet würden und am Leben blieben und bei der Annahme, männliche wie weibliche Exemplare hielten sich das Gleichgewicht, würde das 450 000 Millionen Abkömmlinge von einem Paar in der nächsten Generation, also nach einem Jahr, ergeben.

Die Überlegung, daß die Natur nicht nur auf Erhaltung des Lebens ihrer Kreaturen zielt, ist überzeugend. Sie ist ebenso auf Vernichtung und Ausmerzung des ungeheuren Überschusses angewiesen. Das biologische Gleichgewicht einer Landschaft wäre sonst in kürzester Zeit vernichtet, der Lebensraum für Pflanzen und Tiere zerstört.

Da für Wallace Artenwandel eine Tatsache ist, folgert er konsequent – gleich Darwin –, «daß die meisten Veränderungen, günstige wie ungünstige, die Möglichkeiten, das Leben zu verlängern, beeinflussen werden. Eine Antilope mit kürzeren oder schwächeren Beinen muß notwendigerweise mehr unter den Angriffen der katzenartigen Fleischfresser leiden; die Wandertaube mit weniger kräftigen Flügeln würde früher oder später in ihrer Fähigkeit, sich regelmäßig die nötige Nahrung zu beschaffen, beeinflußt werden.» Die Reihe der Beispiele, die anzuführen wäre, grenzt ans Unendliche.

Im Gegensatz zu Darwin arbeitet Wallace in dieser kurzen Programmschrift auch seine, die Hypothesen Lamarcks verwerfenden Gedanken deutlich heraus. Nicht durch Gebrauch oder Nichtgebrauch von Organen, die dann erblich werden, hängt für ihn die Entwicklung ab, sondern allein davon, daß stets die am längsten überleben, «die die größten Fähigkeiten zur Ergreifung ihrer Beute besaßen... Auch erlangte die Giraffe ihren langen Hals nicht infolge des Wunsches, das Laub der höheren Sträucher zu erreichen oder dadurch, daß sie beständig ihren Hals zu diesem Zweck ausstreckte, sondern weil alle Varietäten unter ihren Vorfahren mit einem längeren Halse als gewöhnlich sich sofort einen neuen Weidefleck an denselben Orten wie ihre kurzhalsigen Gefährten sicherten und bei der nächsten Nahrungsknappheit dadurch befähigt wurden, sie zu überleben.»

Man sieht, hier ist Wallace in der Argumentation gegen den «Lamarckismus» der bessere «Darwinist» als Darwin selbst, der zeit seines Lebens Lamarck, wenn auch mit gewissen Einschränkungen, gelten ließ.

Wallace gebraucht den Ausdruck «Kampf ums Dasein» und schildert genau «das Überleben» des Stärkeren, das heißt des besser ausgerüsteten Organismus. Das Wort Selektion = Auswahl oder Zuchtwahl – wird von ihm nicht benutzt. Doch beschreibt er den Vorgang so, daß die Bedeutung der Selektion des Stärkeren als Prinzip für die «Erhaltung des Lebens» einleuchtend wird.

Da Wallace sich von Charles Darwin verstanden fühlt, schickt er seinen zweiten Aufsatz zunächst an ihn mit der Bitte um ein Urteil über den Inhalt. Man kann sich das tiefe Erschrecken Darwins vorstellen, als er in Wallaces Manuskript die Grundidee seines eigenen

Werkes kurz und bündig ausgedrückt findet. Nach Kenntnisnahme leitet Darwin die Arbeit mit einem Begleitbrief versehen an Lyell weiter. Lyell hatte Darwin schon lange gedrängt, die Fertigstellung seiner Arbeit nicht weiter hinauszuschieben, damit nicht etwa ein anderer ihm zuvorkomme und seine wissenschaftliche Priorität zunichte mache. Jetzt sieht Darwin diese Warnung erfüllt: *Es wird denn damit meine ganze Originalität, welchen Umfang sie auch haben mag, vernichtet werden* ...

Staunend fügt er in seinem Brief an Lyell hinzu: *Ich habe niemals ein auffallenderes Zusammentreffen gesehen; wenn Wallace meine handschriftliche Skizze vom Jahre 1842 hätte, hätte er keinen besseren kürzeren Auszug machen können! Selbst seine Ausdrücke stehen jetzt als Überschriften über meinen Kapiteln.*

Acht Tage später schreibt Darwin erneut an Lyell und bittet dringend um Rat, wie er sich Wallace gegenüber verhalten soll. Er ist in größte Not geraten. Alles, was er zwanzig Jahre gedacht hat, bringt nun ein anderer in kürzerer, knapperer Form und macht ihm damit die Priorität streitig. Soll er nun schleunigst *auf einem Dutzend Seiten* seine eigenen Ideen der Öffentlichkeit mitteilen, um nicht Wallace zuvorkommen zu lassen? *Wallace sagt nichts über die Veröffentlichung, und ich lege seinen Brief hier bei. Da ich aber nicht beabsichtigt hatte, irgendeine Skizze zu veröffentlichen, kann ich es ehrenhafterweise tun, weil Wallace mir die Umrisse seiner Theorie geschickt hat? Ich würde viel lieber mein ganzes Buch verbrennen, als daß er oder irgend jemand anders denken sollte, ich hätte mich in einer elenden Weise benommen. Glauben Sie nicht, daß mir dadurch, daß er mir die Skizze geschickt hat, die Hände gebunden sind?*

Auf eindeutigen Rat Lyells und Hookers machte Darwin nun einen Auszug aus seinem Manuskript, fügte die Abschrift eines Briefes vom 5. September 1857 an Asa Gray bei und gab beides gleichzeitig mit der Abhandlung von Wallace zum Abdruck im «Journal of the Proceedings of the Linnean Society» (1856, p. 45). Damit war ein Prioritätsstreit vermieden und beiden Autoren Gerechtigkeit widerfahren.

Selten hat in einem wissenschaftlichen «Konkurrenzstreit» ein Forscher sich so selbstlos und frei von Ambitionen verhalten wie Alfred Russel Wallace. In keinem Stadium des Kampfes für die Evolutionslehre hat er den Anspruch auf Vorrang seiner Arbeit erhoben, was er mit Fug und Recht hätte tun können. Wallace überlebte Darwin um dreißig Jahre. Er starb erst 1913 – neunzigjährig – und hat in keiner Phase seines Lebens Darwins Tat zu schmälern versucht. 1891 – neun Jahre nach Darwins Tod – gab er ein umfassendes Werk heraus: «Der Darwinismus». Mit diesem Buch ist es ihm gelungen, was er sich selbst in der Einleitung zum Ziel gesetzt hat: «Ich war bestrebt, die Theorie von der Zuchtwahl in einer Weise darzustellen, daß jeder denkende Leser sich danach eine klare Anschauung von den Darwinschen Leistungen bilden und ein Verständnis der Wichtigkeit und Tragweite seines großen Prinzips gewinnen könnte.»

Darwin hat zeit seines Lebens diese Selbstlosigkeit Wallaces empfunden und hoch anerkannt. So schreibt er am 18. Mai 1860 an ihn: *Sie müssen mir gestatten, Ihnen zu sagen, wie sehr ich die hochherzige Art bewundere, mit welcher Sie über mein Buch sprechen. Die meisten Personen würden wohl in Ihrer Lage etwas Neid oder Eifersucht empfunden haben. Wie prächtig frei von diesem gemeinen Fehler der Menschheit scheinen Sie zu sein. Sie sprechen aber viel zu bescheiden von sich selbst. Sie würden, wenn Sie freie Zeit gehabt hätten, die Arbeit genauso gut, vielleicht noch besser getan haben, als ich sie gemacht habe...* Zehn Jahre später – am 20. April 1870 – gibt Darwin in einem Brief an Wallace erneut dieser Grundempfindung Ausdruck: *Ich hoffe, daß es Ihnen zur Genugtuung gereicht, daran zu denken, und es gibt wenige Dinge in meinem Leben, die mir mehr Freude machen als das Bewußtsein, daß wir nie Eifersucht empfunden haben, obschon wir in gewissem Sinne Rivalen waren. Ich glaube, ich vermag dies von mir mit voller Wahrheit zu sagen und bin absolut sicher, daß es von Ihrer Seite ebenso wahr ist.* Für Darwin war es gewiß leichter, auf Wallace ohne Eifersucht zu blicken, als umgekehrt. Wallace hat es nicht nur betont, sondern sich unwandelbar entsprechend dem verhalten, was er an Darwin schrieb: «Was die Theorie der natürlichen Zuchtwahl anbetrifft, so werde ich stets behaupten, daß es sich um Ihre Lehre handelt, und zwar ausschließlich um die Ihrige. Sie haben diese Theorie in Einzelheiten ausgearbeitet, an die ich nie dachte, Jahre vor mir. Ich hatte einen ‹Lichtblick› über diesen Gegenstand, und meine Arbeit hätte nie jemand überzeugt und wäre höchstens als geistreiche Spekulation aufgefaßt worden. Ihr Buch dagegen revolutioniert die Naturwissenschaft und hat die Besten unseres Zeitalters mitgerissen.»

Im Laufe seines späteren Lebens hat Wallace gegen Einseitigkeiten des Darwinismus Stellung genommen und seine Bedenken angemeldet. Er fand es erforderlich, den Übergang vom Tier zum Menschen stärker, als Darwin und die Darwinisten es taten, zu beachten. Die einfache Übertragung von Gesetzen auf den Menschen, die nur für das Tierreich sich als gültig erwiesen haben, erschien ihm als unzulässig. Er schließt sein Buch über den Darwinismus mit dem Satz: «So finden wir denn, daß der Darwinismus, selbst wenn er bis zu seinen letzten logischen Folgerungen fortgeführt wird, dem Glauben an eine spirituelle Seite der Natur des Menschen nicht widerstreitet, sondern ihm vielmehr eine entschiedene Stütze bietet. Er zeigt uns, wie der menschliche Körper sich aus niederen Formen nach dem Gesetz der natürlichen Zuchtwahl entwickelt haben kann; aber er lehrt uns auch, daß wir intellektuelle und moralische Anlagen besitzen, welche auf solchem Wege sich nicht hätten entwickeln können, sondern einen anderen Ursprung gehabt haben müssen – und für diesen Ursprung können wir eine Ursache nur in der unsichtbaren geistigen Welt finden.»

Nach Brief und Aufsatz von Wallace im Juni 1858 gab es für Darwin kein weiteres Zögern und Hinausschieben mehr. Nun mußte das Werk, koste es, was es wolle, fertiggestellt und in die Welt geschickt werden. Bei der starken Neigung Darwins zum Zaudern hat ihm im Grunde nichts Besseres zustoßen können. Nun war er gezwungen, die Feder nicht eher aus der Hand zu legen, als bis das Manuskript druckreif abgeliefert werden konnte. *Ich machte aus dem 1856 in einem viel größeren Maßstab angefangenen Manuskript einen Auszug und vollendete den Band in demselben verkleinerten Maßstab. Es kostete mich derselbe dreizehn Monate und zehn Tage harter Arbeit... Es ist dies ohne Zweifel die Hauptarbeit meines Lebens.*

Wir dürfen hinzufügen, daß es das wirksamste Buch der Naturwissenschaft des 19. Jahrhunderts geworden ist, und dieses Jahrhundert war ein Jahrhundert der Naturwissenschaft.

*Entwurf für das Titelblatt von «Entstehung der Arten»,
den Darwin an Lyell schickte, um dessen Zustimmung zu erhalten*

DAS BUCH: «DIE ENTSTEHUNG DER ARTEN»
(1859)

Das Titelblatt der Erstausgabe lautet: *On the Origin of Species by means of Natural Selection, or the Preservation of Favoured Races in the Struggle for Life.* In der üblichen deutschen Übersetzung: *Die Entstehung der Arten durch natürliche Zuchtwahl oder Die Erhaltung der bevorzugten Rassen im Kampf ums Dasein.* [7]

Als dieses Buch am 24. November 1859 erschien, war die erste Auflage (1250 Exemplare) am gleichen Tag verkauft. Auch die zweite Auflage (3000 Exemplare) war im Handumdrehen vergriffen. Ohne Zweifel ist es auch von den meisten Käufern gelesen worden. Das ist nicht immer selbstverständlich. Dieses Buch aber wurde zu dem meistgelesenen wissenschaftlichen Werk seines Jahrhunderts. Auch heute noch ist es in vieler Munde. Die Hauptthesen des Darwinschen Werkes sind zu bekannten Schlagworten geworden: «Kampf ums Dasein», «Natürliche Zuchtwahl», «Mutation und Selektion». Darüber hinaus gilt «Der Darwinismus» als bekannte Größe und wird mehr oder weniger unklar mit der «Abstammung des Menschen vom Affen», abgekürzt der «Affenabstammung», gleichgesetzt. Man wird nicht fehlgehen, wenn man annimmt, daß der wirkliche Inhalt des Darwinschen Buches dem deutschsprachigen Leser heute in der Regel unbekannt ist. Darum soll versucht werden, hier ein Konzentrat des Inhalts wiederzugeben.

In einem *historischen Überblick über den Fortschritt der Anschauungen über die Entstehung der Arten bis zur Veröffentlichung der ersten Auflage dieses Werkes* läßt Darwin die Gedanken von Persönlichkeiten an seinen Lesern vorüberziehen, die er als Vorläufer für die Erfassung des Evolutionsgedankens ansieht, darunter Lamarck, Geoffroy Saint-Hilaire, Goethe, seinen Großvater Erasmus Darwin, Leopold von Buch, Robert Chambers, Herbert Spencer, Karl Ernst von Baer und viele andere. *Es ist ein sehr merkwürdiges Beispiel für die Art, in der fast zu derselben Zeit ähnliche Ansichten entstehen, daß Goethe in Deutschland, Dr. Darwin in England und Geoffroy Saint-Hilaire ... in Frankreich in den Jahren 1794 und 1795 zu derselben Anschauung über den Ursprung der Arten gelangten.* In der dann folgenden Einleitung bringt Darwin meisterhaft gerafft die Entstehungsgeschichte des Werkes innerhalb seines eigenen Lebenslaufes, nennt mit Dankbarkeit den Anteil, den Wallace, Lyell und Hooker daran haben, entwickelt den Grundgedanken und gibt einen Überblick über das gesamte Werk. Auch vergißt er nicht, den Einfluß zu nennen, den die Gedanken von Malthus über Bevölkerungszunahme auf seine Grundidee gehabt haben.

Mit der ihm eigenen Bescheidenheit weist Darwin auf das Unvollkommene seines Werkes hin und nennt mögliche Fehlerquellen: *Niemand braucht überrascht zu sein, daß noch vieles in bezug auf den Ursprung der Arten und Varietäten unerklärt bleibt, wenn er unsere tiefe Unwissenheit in bezug auf die gegenseitigen Beziehungen der vielen Wesen, die rings um uns leben, gehörig in Rechnung stellt. Wer vermag zu erklären, warum die eine Art weiterverbreitet und sehr zahlreich ist, eine andere, verwandte Art dagegen eine geringe Verbreitung und geringere Anzahl besitzt? ... Noch weniger wissen wir von den gegenseitigen Beziehungen der unzähligen Bewohner der Welt während der vielen vergangenen geologischen Epochen in ihrer Geschichte.* Darwin berührt mit diesen Hinweisen Probleme, die bis heute noch nicht als gelöst angesehen werden können. Alles, was in die Kategorie «biologisches Gleichgewicht» fällt, zum Beispiel das Zusammenwirken und gegenseitige Fördern bzw. Schädigen verschiedener Arten durch ihre bloße Existenz (Molisch und andere), das Zusammenspiel von Pflanzen, Insekten und Vögeln, die Symbiose von Algen und Pilzen zu Flechten, die «Staatenbildung» im Tierreich und viele andere Tatsachen der Natur sind mit den Begriffen «Kampf ums Dasein», «Mutation und Selektion» nicht erklärt. Im Gegensatz zu manchem heute lebenden Evolutionisten war Charles Darwin ausgesprochen zurückhaltend. Er schließt seine Einleitung: *Wenn aber auch vieles dunkel bleiben wird, so kann ich doch nach dem sorgfältigsten Studium und dem unbefangensten Urteil, deren ich fähig bin, keinen Zweifel mehr daran hegen, daß die Ansicht, die die meisten Naturforscher bis vor kurzem vertraten, und die ich selbst früher vertrat, nämlich daß jede Art unabhängig für sich geschaffen wurde, irrig ist. Ich bin vollkommen überzeugt, daß die Arten nicht unwandelbar sind, sondern daß die ein und derselben Gattung angehörenden in gerader Linie von anderen, gewöhnlich schon erloschenen Arten abstammen, ebenso wie die anerkannten Varietäten einer bestimmten Art von dieser Art abstammen. Ich bin ferner überzeugt, daß die natürliche Zuchtwahl das wichtigste, wenn auch nicht das einzige Mittel der Veränderung gewesen ist.*

Es wäre unsinnig, zu leugnen, daß es in der Natur den «Kampf ums Dasein» gibt. Weise aber ist es, so wie Darwin es tat, im Auge zu behalten, welche Fragen noch offen und welche noch absolut ungeklärt sind. Es erhellt die Größe Darwins, daß er, der von der Wahrheit des Evolutionsprinzips durchdrungen ist, dennoch von einer *tiefen Unwissenheit* in bezug auf andere mit der Evolution zusammenhängende Fragen spricht. Ebenso sollte beachtet werden, daß er das Prinzip der Zuchtwahl (Selektion) zwar für das wichtigste, aber nicht für *das einzige Mittel der Veränderung* der Arten hielt. Offenkundig war Charles Darwin ein bedeutend weniger dogmatisch eingestellter «Darwinist» als manche seiner Nachfolger.

Die Überschriften der fünfzehn Kapitel, die das Buch umfaßt, geben dem Leser eine gute Inhaltsübersicht:

1. Kap.: *Veränderung unter dem Einfluße der menschlichen Züchtung*
2. Kap.: *Veränderung unter dem Einfluße der Natur*
3. Kap.: *Der Kampf ums Dasein*
4. Kap.: *Natürliche Zuchtwahl oder das Überleben des Tüchtigsten*
5. Kap.: *Gesetze der Abänderung*
6. Kap.: *Schwierigkeiten der Theorie*
7. Kap.: *Verschiedenartige Einwände gegen die Theorie der natürlichen Zuchtwahl*
8. Kap.: *Instinkt*
9. Kap.: *Bastardbildung*
10. Kap.: *Die Unvollständigkeit der geologischen Urkunden*
11. Kap.: *Die geologische Aufeinanderfolge organischer Wesen*
12. Kap.: *Geographische Verbreitung*
13. Kap.: *Geographische Verbreitung* (Fortsetzung)
14. Kap.: *Gegenseitige Verwandtschaft organischer Wesen; Morphologie; Embryologie; rudimentäre Organe*
15. Kap.: *Wiederholung und Schluß.*

Man sieht, daß im Grunde alle Programmpunkte, die auch heute, nach hundert Jahren Evolutionslehre, das Wesen dieser Wissenschaft ausmachen, von Darwin in einer genialen Überschau bereits erfaßt wurden. Man kann Walter von Wyß nur zustimmen, wenn er in seiner Darwin-Biographie schreibt: «Das Buch gehört zu den großen Ereignissen der wissenschaftlichen Weltliteratur und wird es bleiben.»

Viel Kraft ist im Laufe der Zeit dadurch vertan worden, daß zwei Gebiete nicht genügend klar auseinandergehalten wurden: der Entwicklungsgedanke als solcher und der Versuch, diese offenkundige Tatsache der Evolution von Pflanzen, Tieren und Menschen ursächlich zu erklären. Aber es muß auch zugestanden werden, daß Darwin selbst diese beiden Themen unlösbar voneinander gedacht hat. Schon die Titelwahl tut seine eindeutige Absicht kund, die Entwicklungsgeschichte der Organismen nicht beschreibend, sondern erklärend darzustellen. Er war überzeugt, daß die einfache Aufzeigung aller vergleichend morphologischen und embryologischen Tatsachen, der (Taxionomie) Systematik, der geographischen Verteilung und der Paläontologie, die Entstehungsgeschichte der Organismen als Verlauf in langen Zeiträumen eindeutig und einleuchtend beschreiben könne. Zugleich aber empfand er eine solche Darstellung als unzulänglich, wenn sie nicht auch die ursächlichen Faktoren von Entstehung und Entwicklung der Arten verständlich macht. Im Gegensatz zu anderen Naturforschern, zum Beispiel Lamarck, vermag Darwin nicht an einen dominierenden Umwelteinfluß zu glauben, der durch Faktoren wie Klima, Bodenverhältnisse und dergleichen wirkt. *In beschränktem Sinne mag dies zutreffen*, aber für eine Totalerklärung reichen ihm solche Überlegungen in keiner Weise aus. Für ihn erscheint es *widersinnig, den Bau des Spechtes zum Beispiel, mit seinen Füßen, seinem Schwanze, seiner Zunge, die in so bewundernswürdiger Weise auf den Fang von Insekten unter der Rinde der Bäume eingerichtet sind, auf rein äußere Verhältnisse zurückzuführen*.

Im ersten Kapitel geht Darwin von den domestizierten Tieren aus, um das Prinzip der Selektion, nach dem jeder Züchter vorgeht, zu erklären. Sein Landsitz in Downe bot ihm täglich Gelegenheit, Erfahrungen mit Haustieren und ihren Züchtern zu machen. Für ihn ist es selbstverständlich – und wer wollte ihm widersprechen? –, daß die Stammarten aller Kulturpflanzen und Haustiere einst im Naturzustand gelebt haben. *Es scheint klar zu sein, daß die organischen Wesen einige Generationen hindurch veränderten Lebensbedingungen ausgesetzt sein mußten, um die Veränderung zu einem beträchtlichen Grad zu steigern...* Ist einmal eine solche Labilität, das heißt Neigung zur Veränderung eingetreten, so meint Darwin, daß dann der Organismus *gewöhnlich viele Generationen hindurch fortfährt, sich zu verändern*. Während es in der Natur Arten gibt, die durch lange Zeiträume in Form und Lebensweise konstant bleiben, gilt besonders für die Organismen, die unter dem Einfluß der menschlichen Kultur stehen, das stetige Prinzip der Veränderung. *Unsere ältesten Kulturpflanzen, wie der Weizen, bringen noch heute neue Varietäten hervor; unsere ältesten Haustiere sind noch heute einer rasch fortschreitenden Verbesserung oder Umänderung fähig.*

Im Gegensatz zu seinen Anhängern und Nachfolgern verwirft Darwin das Prinzip Lamarcks nicht, nach dem erworbene Eigenschaften vererbt werden können. Als Beispiel bringt er den Vergleich von Haus- und Wildenten. Im Verhältnis zum ganzen Skelett sind bei der Hausente die Flügelknochen leichter und die Beinknochen schwerer als bei der Wildente. Darwin führt diesen Unterschied darauf zurück, *daß die Hausente weniger fliegt und mehr geht als ihre wilden Stammeltern*. In gleicher Weise hält er die Wirkung von Gebrauch und Nichtgebrauch der Organe auf die Vererblichkeit für erwiesen. *Die große und vererbliche Entwicklung der Euter bei Kühen und Ziegen in Gegenden, wo sie regelmäßig gemolken werden... ist wahrscheinlich ein weiterer Beweis für die Wirkungen des Ge-*

Darwin im Alter von 47 Jahren

brauches. Kein einziges unserer Haustiere kann genannt werden, das nicht in irgendeiner Gegend hängende Ohren hätte; die Ansicht, die geäußert worden ist, daß das Herabhängen dem Nichtgebrauch der Ohrmuskeln zuzuschreiben sei, weil die Tiere selten beunruhigt werden, scheint begründet zu sein.

Darwin schrieb sein Buch etwa sieben Jahre bevor Gregor Mendel die Vererbungsgesetze entdeckte und lange bevor die moderne Genetik entstand. Es entspricht seiner wissenschaftlichen Ehrlichkeit, daß er sich seiner Unkenntnis bewußt ist: *Die Gesetze, welche die Erblichkeit beherrschen, sind zum größten Teile unbekannt.*

Um seine Gedanken durch Erfahrung genügend begründen zu können, studierte er schon frühzeitig alle Werke über Landwirtschaft und Gartenbau, die er erreichen konnte. Dann aber ging er zu eigenen Experimenten über und legte sich Kaninchen- und Taubenzuchten an. Vor allem als Taubenzüchter hat Darwin viele Beobachtungen gemacht und sie zur Begründung seiner Theorie verwandt. *In der Meinung, es sei stets am besten, eine einzelne Gruppe zu studieren, habe ich mich nach reiflicher Überlegung den Haustauben zugewandt. Ich habe jede Rasse gezogen, die ich kaufen oder sonst erhalten konnte und bin auch durch die Zusendung von Bälgen aus verschiedenen Weltgegenden ... unterstützt worden.* Die Tauben-Gattung ist reich an Arten und Unterarten. Von den bei uns einheimischen Ringel- und Turteltauben spannt sich ein weiter Bogen über Hohl-, Wander- und Lachtauben bis zu den mediterranen Felsentauben, in denen schon Darwin die Stammform unserer Haus- und Brieftauben vermutete. Es gelang den Taubenzüchtern, im Laufe der Zeit mehr als 100 Unterarten zu züchten. Die Variationsbreite dieser Vögel ist erstaunlich. Fast jedes Organ, vom Schnabel bis zur Schwanzspitze, hat sich bei den Züchtungsversuchen als veränderlich erwiesen. Darwin räumt ein, daß ein Teil der eingetretenen Veränderungen durch Einflüsse der äußeren Lebensbedingungen oder durch Gewöhnung an bestimmte Lebensumstände entstanden sein mögen. Aber deutlich sei doch auch zu sehen, daß ein guter Teil unserer Hausrassen nicht durch Anpassung zum Vorteil der Tiere oder der Pflanzen, sondern an *den Nutzen oder die Liebhaberei des Menschen* gebunden sind. **Für das Züchtungsresultat macht Darwin im wesentlichen den Züchter und seine Absichten und seinen Willen verantwortlich.** *Der Schlüssel liegt in der Kraft des Menschen, die Zuchtwahl zu steigern: die Natur bringt nach und nach Veränderungen hervor, und der Mensch leitet diese in bestimmte, ihm nützliche Richtungen. In diesem Sinne kann man sagen, er habe sich selbst die nutzbringenden Rassen geschaffen.*

Darwin hat sich ausgiebig mit allen ihm zugänglichen Zuchtversuchen beschäftigt. Dazu lieferte ihm die Landwirtschaft Englands reichlich Material. Tierzucht aller Art liegt dem Engländer im Blut. Die Ergebnisse in Tauben-, Hühner-, Schaf-, Rinder-, Pferde- und Hundezucht sind beachtlich. Das erste Kapitel in *Entstehung der Arten* zeigt, daß es von einem Experten der Tierzucht geschrieben ist. Wenn er Beispiele aus der Pflanzenzucht erwähnt, merkt man, daß er auf diesem Gebiet nicht in gleichem Maße zu Hause ist. Seine Liebe zur Botanik ist erst später erwacht. Darwins L e i t b i l d f ü r d e n G r u n d g e d a n k e n, mit dem er das Werden der Organismen zu verstehen sucht, i s t d e r e r f o l g r e i c h e Z ü c h t e r. Dieser hat ein Ziel, auf das er ausgerichtet ist. Was nicht in der Richtung des Zieles liegt, wird ausgemerzt, was den Erwartungen irgendwie entspricht, wird gefördert. Er züchtet, bis er einen Erfolg in der gewünschten Weise erzielt hat. Wenn sich herausstellt, daß die Züchtung nicht voranschreitet, kann er den Versuch jederzeit abbrechen. Es liegt dann an ihm, ob er die vorhandene Art, so wie sie ist, weiterbehalten will oder auf sie verzichtet. Darwin singt im ersten Kapitel das Loblied des englischen Züchters. *Es ist gewiß, daß mehrere unserer hervorragenden Züchter bereits im Zeitraum eines Menschenalters ihre Rinder- und Schafrassen bedeutend verändert haben.* Diese Züchter sind davon überzeugt, daß die Tierorganismen bildsam sind, so daß man beliebig jede gewünschte Form erzielen kann. Darwin zitiert einen erfahrenen Mann auf diesem Gebiet, Youatt, der über das Prinzip der Zuchtwahl gesagt hat, daß sie «den Landwirt in den Stand setzt, den Charakter seiner Herde nicht nur teilweise, sondern völlig umzugestalten. Es ist der Zauberstab, mit dessen Hilfe er jede beliebige Form und Gestalt ins Leben rufen kann». Charles Darwin ist überzeugt, daß er den Zauberstab, mit dem die Natur «jede beliebige Form und Gestalt ins Leben gerufen hat», erkannt hat, und zwar als *das Prinzip der natürlichen Zuchtwahl.* [8]

Im zweiten Kapitel beschreibt Darwin alle Phänomene, die ihm an Variabilität der Arten bekannt sind. Er ist damit vertraut, daß es relativ konstante Arten gibt, bei denen so gut wie keine Variationen vorkommen. Ihre Bestimmung macht dem Biologen keine Schwierigkeiten. Aber um so mehr interessieren ihn jene Arten, bei denen noch alles in Fluß ist und deren Einteilung in Unterarten, Rassen, Varietäten nach sachlichen Maßstäben fast unmöglich ist. *Als ich vor vielen Jahren die Vögel auf den so nahe einander benachbarten Galapagosinseln miteinander und mit denjenigen des amerikanischen Festlandes verglich, da war ich höchst erstaunt, zu bemerken, wie vage und willkürlich die Unterscheidungen zwischen Arten und Varietäten ist.* Er bezieht sich auf seine uns schon bekannten Reiseerfahrungen, die ihm den entscheidenden Anstoß gaben, die Idee von der

Veränderlichkeit der Arten und damit den Evolutionsgedanken zu fassen. Da Darwin zu diesem Zeitpunkt die Begriffe Variation und Mutation nicht unterschied, bleibt seine ganze Darstellung, die er von der Veränderlichkeit der Arten gibt, etwas in der Schwebe. Doch genügte das von ihm Mitgeteilte vollauf, um das Dogma von der Konstanz der Arten seit Schöpfungs-Urzeiten endgültig zu erschüttern.

In den beiden nächsten Kapiteln, dem dritten und vierten, folgt die klassische Begründung des Darwinismus. Jetzt wird das Leitbild vom menschlichen Züchter, der ausmerzt und bevorzugt, auf die Natur übertragen. Kein bewußter Wille, keine zielende Absicht gibt der natürlichen Entwicklung die Richtung, sondern der alle Gebiete der Natur durchdringende «Kampf ums Dasein». Er ist nach Darwin der strenge Zuchtmeister, ohne den es weder Ordnung noch Fortschritt geben würde. Denn – und das ist eine unleugbare Tatsache – *von den vielen Individuen einer Art, die regelmäßig geboren werden, kann nur eine kleine Anzahl am Leben bleiben.* Es ist unvorstellbar, daß aus allen Fischeiern Fische, aus allen Eicheln Eichen, aus jedem Grassamen eine Graspflanze hervorgeht. Furchtbar und schreckerregend wäre es, wenn alle Nachkommen der sogenannten Ungeziefer, der Ratten, Mäuse, Wanzen, Läuse, Mücken und dergleichen am Leben blieben. Sie vermehren sich nach dem Gesetz der geometrischen Progression und würden in Kürze allen anderen Lebewesen den Lebensraum weggenommen und sie verdrängt haben. So erschreckend es auf zarte Gemüter wirken mag, daß in der Natur alle Arten unter sich und miteinander im Kampf liegen, so ist doch die Tatsache, die mit dem Ausdruck «Kampf ums Dasein» bezeichnet wird, auf das Ganze gesehen eine höchst «segensreiche» Einrichtung. Nur so vermag sich auf jedem Quadratmeter Erde, in jeder kleineren oder größeren Landschaft oder auf Erdteilen der Zustand des biologischen Gleichgewichts immer wieder herzustellen. Ungezähltes geht zugrunde und gibt den Raum frei für das «Überleben des Tüchtigsten». Dieser Ausdruck, der als Schlagwort weit über den Kreis der wissenschaftlichen Darwinisten hinaus gebraucht wird, stammt von Herbert Spencer. Darwin hat ihn aufgegriffen, weil er ihm für das von ihm selbst Gemeinte passend erschien. Aber er scheint nicht gemerkt zu haben, daß gerade diese Wortwahl, «des Tüchtigsten», seine eigenen Gedanken eingeengt und im Sinne eines pragmatischen Utilitarismus vereinseitigt hat. Da es nicht schwer ist, nachzuweisen, daß in Natur- und Menschenleben nicht nur die «Tüchtigsten» überleben, hat Darwin es seinen Gegnern leichtgemacht, an dieser Stelle Einwände zu erheben.

So oberflächlich, wie der Darwinismus im Laufe der 100 Jahre seines Bestehens zuweilen vertreten wurde, lebte die ursprüngliche Idee in Darwins Seele nicht. Auch wenn er sich zunehmend von metaphysischen Überlegungen abwandte und die Natur rein rationalistisch, das heißt von außen zu verstehen suchte, so besaß er doch einen ausgeprägten Sinn für «Ganzheit», für das Zusammenwirken verschiedener Organismen und für das dynamische Gleichgewicht von biologischen Einheiten im Sinne der heutigen Pflanzengeographie. Die Beispiele, auf die er sein Augenmerk und das seiner Leser richtet, sind vielfach gerade nicht dem Kampffeld der Arten entnommen, sondern entsprechen oft mehr dem «Prinzip der gegenseitigen Hilfe in der Natur», wie es der Russe Kropotkin formuliert hat. Darwin erwähnt schon im ersten Kapitel die Lebensweise der Mistel, die für das Befruchten ihrer Blüten mit getrennten Geschlechtern auf bestimmte Insekten, für ihre Verbreitung auf bestimmte Vögel angewiesen ist. Auch zitiert er den Oberst und Naturforscher Edward Newman, von dem das berühmte Beispiel des Zusammenhanges von Katzen und Kleebefruchtung stammt: *Die Zahl der Hummeln in einem Gebiet hängt zum großen Teile von der Zahl der Feldmäuse ab, die deren Waben und Nester zerstören... Nun hängt die Zahl der Mäuse großenteils, wie jedermann weiß, von der Zahl der Katzen ab, und Oberst Newman sagt: «In der Nähe von Dörfern und kleinen Städten habe ich die Hummelnester zahlreicher gefunden als sonstwo, was ich auf die Zahl der Katzen zurückführe, welche die Mäuse vertilgen.»* Darwin fährt fort: *Daher ist es durchaus glaublich, daß die Gegenwart einer größeren Anzahl katzenartiger Tiere in einem bestimmten Gebiet durch Verminderung zunächst der Anzahl der Mäuse und dann der Vermehrung der Hummeln auf die Häufigkeit gewisser Pflanzen von Einfluß ist.* Es entgeht dem Blick Darwins nicht, daß der Zusammenhang Katze–Feldmaus–Hummel–Rotklee an Lebensbeziehungen rührt, die mit dem Schlagwort «Kampf ums Dasein» keineswegs erklärt sind. *Kampf ums Dasein muß, beständig wiederkehrend, mit wechselndem Erfolg geführt werden, und doch halten im Laufe der Entwicklung die Kräfte einander so genau das Gleichgewicht, daß das Aussehen der Natur für lange Zeiträume unverändert bleibt... Nichts destoweniger ist unsere Unwissenheit so tief und unsere Anmaßung so groß, daß wir uns wundern, wenn wir von dem Aussterben eines organischen Wesens hören.*

Charles Darwin gebraucht den für sein Gedankengebäude zentralen Begriff «Kampf ums Dasein» für sehr verschiedenartige Naturprozesse. Sowohl für die Erhaltung der Art als auch für die Erhaltung des biologischen Gleichgewichtes unter verschiedenen Arten bedient er sich des gleichen Ausdrucks, und zwar in einem sehr erweiterten Sinne. Er weiß das und sagt darum: *In diesen verschiedenen*

Bedeutungen, die ineinander übergehen, gebrauche ich der Bequemlichkeit halber den allgemeinen Ausdruck «Kampf ums Dasein». Der allgemeinen geistigen Diskussion um die Klärung der Grundbegriffe des Darwinismus ist diese «Bequemlichkeit» nicht zugute gekommen.

Darwin hat wohl als erster erkannt, daß sich Rivalenkämpfe in der Hauptsache zwischen Individuen der gleichen oder sehr verwandter Arten abspielen. Diese Tatsache wird heute von der Verhaltensforschung der Tiere (Konrad Lorenz) durch zahllose Beispiele belegt.

Um zarte Gemüter zu beruhigen, schließt Darwin dieses zentrale Kapitel über den «Kampf ums Dasein» mit den Worten ab: *Denken wir über diesen Kampf nach, so können wir uns mit dem zuversichtlichen Glauben trösten, daß der Krieg in der Natur nicht unaufhörlich wütet, daß keine Furcht gefühlt wird, daß der Tod im allgemeinen schnell ist und daß der Kräftige, der Gesunde, der Glückliche am Leben bleibt und sein Geschlecht fortpflanzt.*

Der zweite zentrale Grundbegriff ist für Darwin die *Natürliche Zuchtwahl*. So wie er sein Buch aufgebaut hat, ist an dieser Stelle die Frage zu beantworten: läßt sich das Prinzip der Zuchtwahl, dessen große Bedeutung er in der Anwendung durch den menschlichen Züchter dargestellt hat, in gleicher Weise auf die Natur anwenden? Darwin überschätzt die Rolle des Menschen in diesem Zusammenhang nicht. Er weiß, daß der Züchter direkt keine Veränderungen der Arten erzeugen, noch ihr Auftreten verhindern kann. *Er vermag die sich ihm darbietenden nur zu erhalten und zu steigern.* Er warnt hier ebenfalls vor zu schneller Begriffsbildung. *Wir müssen auch im Auge behalten, wie unendlich verwickelt und wie genau zusammenpassend die gegenseitigen Beziehungen aller organischen Wesen sind, und wie unendlich mannigfaltige Verschiedenheiten im Bau folglich jedem Wesen unter veränderten Lebensbedingungen von Nutzen sein können.*

Unter Beachtung dieser Warnung vor intellektueller Übereilung ist Darwin von seiner Grundthese überzeugt, daß ein kleiner und unbedeutender, zufällig auftretender Vorteil, den ein Organismus vor anderen voraus hat, diesem die bessere Aussicht gibt, am Leben zu bleiben und die Art fortzupflanzen. Natürlich nur unter der Voraussetzung, daß dieser Vorteil – im Sinne des heute üblichen Begriffes Mutation – erblich ist.

Einen besonderen Abschnitt widmet Darwin der *Geschlechtlichen Zuchtwahl. Diese Form der Zuchtwahl hängt nicht von einem Kampf ums Dasein in bezug auf andere organische Wesen oder äußere Bedingungen ab, sondern von einem Kampf zwischen Individuen eines*

Geschlechts, gewöhnlich des Männchens um den Besitz des anderen Geschlechts. Das Ergebnis ist nicht der Tod für den erfolglosen Mitbewerber, sondern wenig oder gar keine Nachkommenschaft. Die geschlechtliche Zuchtwahl ist demnach weniger hart als die natürliche Zuchtwahl. Darwin nennt zahlreiche Beobachtungen von Kämpfen des Männchens beim Werben um das oder die Weibchen. Seine Anregungen haben im Laufe der Zeit ein ganzes Spezialfach innerhalb der Zoologie entstehen lassen.

Nach Darwin geben Veränderungen in den Lebensbedingungen oft einen Anstoß zur Erhöhung der Variabilität. Eine solche Veränderung in den Lebensbedingungen bedeutet zum Beispiel, wenn das Klima einer Landschaft sich grundlegend ändert. Die Folge ist eine unmittelbare Verschiebung in den Zahlenverhältnissen ihrer Bewohner. Einige Arten erobern sich neuen Lebensraum, andere gehen zurück und wieder andere sterben aus. Ist die Landschaft mit anderen durch Landbrücken verbunden oder diesen nahe gelegen, so ergeben sich Einwanderungen. Anders ist es bei Inseln oder bei von Wüsten umschlossenen Oasen. Da zeigt sich, welche Arten den neuen Bedingungen besser gewachsen sind. Kleine Vorteile geben dabei den Ausschlag. Die Voraussetzung ist stets, daß eine Änderung in irgendeiner Richtung spontan auftritt. Die *Natürliche Zuchtwahl* schafft nichts Neues, sie sortiert nur wie das Aschenbrödel im Märchen – «die Guten ins Töpfchen, die Schlechten ins Kröpfchen». Der menschliche Züchter *wählt nur zu seinem eigenen Besten aus, die Natur einzig zum Besten des Wesens, das sie bilden will. Der Züchter läßt die kräftigsten Männchen nicht um die Weibchen kämpfen. Er vernichtet nicht alle schwachen Tiere erbarmungslos, sondern beschützt alle seine Erzeugnisse, soweit dies in seiner Macht liegt, bei jedem Wechsel der Jahreszeiten ... Wie kurz ist seine Zeit! Und wie armselig werden deswegen seine Erfolge sein, wenn man sie mit den von der Natur durch ganze geologische Perioden gesteigerten vergleicht! Kann es uns daher wundernehmen, daß die Erzeugnisse der Natur «echter» in ihren Eigenschaften sind als die Erzeugnisse des Menschen, daß sie den höchst verwickelten Lebensbedingungen unendlich besser angepaßt sind und deutlich den Stempel einer viel höheren Meisterschaft aufweisen?*

Man versteht, daß ihm schon seine Zeitgenossen vorgeworfen haben, er spräche von der «Allmacht der natürlichen Zuchtwahl» wie die Theologen von der Gottheit. Tatsächlich berühren sich beide Anschauungsarten. Denn für Darwin ist die natürliche Zuchtwahl *täglich und stündlich damit beschäftigt, in der ganzen Welt auch die leisesten Veränderungen aufzuspüren, die schlechten zu verwerfen, alle guten zu erhalten und zu vergrößern, indem sie schweigend und un-*

merklich, wann und wo immer sich die Gelegenheit bietet, an der Verbesserung jedes organischen Wesens in bezug auf dessen organische und unorganische Lebensbedingungen arbeitet. Würde man an die Stelle von «natürliche Zuchtwahl» das Wort «Gott» setzen, so hätte für viele Gläubige der Satz seinen vollen Sinn. Allerdings müßte man dann hinzufügen, das wäre ein Gott, «der nur von außen stieße» und nicht die Gottheit, von der Goethe spricht, der es ziemt, «die Welt im Innern zu bewegen». So überzeugend Darwin den Gedanken des «von außen» wirkenden Naturgesetzes, der S e l e k t i o n, darzustellen vermag, so offen und ungelöst bleibt die Frage nach der «im Innern» wirkenden, Mutationen auslösenden Kraft.

Konrad Lorenz nennt Selektion und Mutation wiederholt die beiden «großen Konstrukteure des Artenwandels». Niemand hat den Beweis erbracht, daß alle Mutationen willkürlich, zufällig erfolgen und die Richtung der Evolution ausschließlich durch die Selektion bestimmt wird. Darwin hatte ein Gefühl für diese «offene Stelle» in seinem System und äußerte sich gelegentlich auch über das Unzureichende seiner Erklärung des Artenwandels. Doch stand er selbst so stark unter der suggestiven Wirkung der Einfachheit seiner Idee, daß er sich über die eigenen Einwände und auch die seiner Frau (s. S. 139 f) hinwegsetzte. Sollte die Stoßkraft des Darwinismus erhalten bleiben, ging es nicht ohne eine gewisse Problemblindheit ihrer Träger für theologische Bereiche. Da die Gegner der Darwinisten ihrerseits gleichzeitig einer gegenteiligen Problemblindheit unterlagen, bildeten sich unmittelbar nach Erscheinen des Buches über die *Entstehung der Arten* zwei Fronten, die im Grunde bis heute unversöhnt sich gegenüberstehen. Nur in einseitiger Sicht vermochte der große Grundgedanke von der Evolution aller Wesen sich durchzusetzen. Die Einseitigkeit des Darwinschen Aspekts macht seine Stärke und seine Schwäche zugleich aus.

Da der Hauptgedanke Darwins die *Natürliche Zuchtwahl* ist, wurde das Kapitel, das dieses Thema behandelt, auch das wichtigste und längste des ganzen Buches. Themen, die später gesondert noch ausführlich behandelt werden, wie Kreuzung, Bastardierung, Aussterben von Arten, geographische Verbreitung, Divergenz und Konvergenz, werden hier zum erstenmal erwähnt. Wie schon in der Einleitung warnt Darwin auch an dieser Stelle davor, die gegenwärtigen Kenntnisse zu überschätzen. Es sollte *sich niemand wundern, daß noch vieles betreffs der Entstehung der Arten unerklärt ist, wenn wir, wie es sich gehört, unsere tiefe Unwissenheit hinsichtlich der gegenseitigen Beziehungen der Erdenbewohner der Jetztzeit und noch mehr der Vergangenheit berücksichtigen.*

Obwohl, wie wir schon sagten, das gesamte Werk Darwins heute nur selten gelesen wird – zwei Sätze aus dem Schlußkapitel pflegen in der Regel zitiert zu werden.

Der letzte Satz des ganzen Werkes wird gern von allen denen herangezogen, die ein Interesse daran haben, nachzuweisen, daß Darwin «im Grunde doch gar kein Materialist gewesen sei, sondern an Gott als Schöpfer aller Dinge geglaubt habe», denn Darwin schließt mit dem Satz: *Es liegt etwas Großartiges in dieser Auffassung, daß das Leben mit seinen mannigfaltigen Kräften vom Schöpfer ursprünglich nur wenigen Formen oder gar nur einer eingehaucht worden ist, und daß, während sich unser Planet, den festbestimmten Gesetzen der Schwerkraft zufolge, im Kreise herumbewegt, aus so einfachem Anfang sich eine endlose Zahl der schönsten und wunderbarsten Formen entwickelt hat und noch immer entwickelt.* Deutlich ist, daß nach Darwins Überzeugung die Theorie der Evolution nicht ohne weiteres die Anerkennung eines göttlichen Daseinsgrundes ausschließt.

Der zweite häufig zitierte Satz lautet: *Viel Licht wird auf die Entstehung des Menschen und seine Geschichte fallen.* Dieser Satz wirft auch ein Licht auf den Charakter Darwins. Selbstverständlich hätte er in bezug auf die Abstammungsverhältnisse des Menschen sehr viel mehr sagen können, aber er wußte, wieviel Staub damit unter den Zeitgenossen, insbesondere seinen kirchlich gebundenen Landsleuten, aufgewirbelt werden würde. Außerdem verbot ihm seine angeborene Vorsicht und wissenschaftliche Behutsamkeit, mehr auszusagen, als ihm unterbaut erschien. So verzichtete er zunächst auf alle naheliegenden Folgerungen, die sich aus seinen Gedanken über die Natur für das Werden des Menschengeschlechtes ergeben konnten. Aber die englischen Leser waren klug genug, die Konsequenzen aus Darwins Gedankengängen in bezug auf den Menschen selbst zu ziehen. Eine erbitterte Abwehrfront begann sich zu bilden, an deren Spitze Sir Richard Owen stand, derselbe Owen, der seinerzeit an der zoologischen Auswertung von Darwins Reiseergebnissen beteiligt war. Ihm traten Theologen zur Seite, die sich durch Darwins Buch bedroht fühlten. Bereits ein halbes Jahr nach Erscheinen von *Entstehung der Arten*, am 30. Juni 1860, fand jene denkwürdige Sitzung der British Association for the Advancement of Science in Oxford statt, auf der sich die berühmt gewordene Auseinandersetzung zwischen dem Bischof Samuel Wilberforce und Thomas Henry Huxley zutrug. Nach Augenzeugenberichten war «die Aufregung fürchterlich». Das Auditorium erwies sich als bei weitem zu klein für die vielen Zuhörer. Die Versammlung begab sich in den größeren Saal der Bibliothek des Museums, der schon lange, ehe die Hauptkämpen die Schranken betreten hatten, überfüllt war. Man schätzte die Zahl der Anwesenden auf 700 bis 1000. Professor Henslow führte als

Präsident den Vorsitz und kündigte an, daß er Wortmeldungen nur von Befugten, das heißt solchen, die triftige Beweisgründe vorzutragen hätten, annehmen würde. Viermal schnitt er Rednern, die seine Forderung nicht erfüllten, das Wort ab. Dann sprach Bischof Wilberforce. Redegewandt beherrschte er sogleich die Situation «und sprach eine volle halbe Stunde mit unnachahmlicher Lebendigkeit, Leerheit und Unfairheit» – so ein Augenzeuge. «Er machte Darwin in schlimmer und Huxley in wütender Weise lächerlich.» Alles in süßlichem Ton und in wohlgesetzten Perioden. Schließlich wandte er sich direkt an Huxley mit der Frage, ob es ihm wohl gleichgültig wäre, zu wissen, daß sein Großvater ein Affe gewesen sei. Lyell berichtete, daß Huxley sofort aufsprang und antwortete: «Ich würde in derselben Lage sein wie Eure Lordschaft.» Im übrigen soll Huxleys Rede klug und gewandt gewesen sein und von einer Selbstbeherrschung getragen, «welche seiner vernichtenden Entgegnung eine große Würde verlieh». Auf die Herausforderung Bischof Wilberforces schlug er mit den Worten zurück: «Wenn die Frage an mich gerichtet würde, ob ich lieber einen miserablen Affen zum Großvater haben möchte oder einen durch die Natur hochbegabten Mann von großer Bedeutung und großem Einfluß, der aber diese Fähigkeiten und den Einfluß nur dazu benutzt, um Lächerlichkeit in eine ernste wissenschaftliche Diskussion hineinzutragen, dann würde ich ohne Zögern meine Vorliebe für den Affen bekräftigen.»

Der Kampf, der sich bis in die Gegenwart erstreckt, war eröffnet. Er begann mit der blamablen Niederlage eines Kirchenmannes. Und es war nicht die letzte Demütigung, die von einem Vertreter der geistlichen Reaktion in diesem Streit hingenommen werden mußte.

Im Januar 1863 erschien die bald vergriffene Auflage von Huxleys Schrift «Zeugnisse für die Stellung des Menschen in der Natur». Dieses Werk gipfelt in dem klassischen Satz: «Wir mögen daher jedes System von Organen vornehmen, welches wir wollen, die Vergleichung ihrer verschiedenen Ausprägungen in der Affenreihe führt uns zu einem und demselben Ergebnis: daß die anatomischen Verschiedenheiten, welche den Menschen vom Gorilla und Schimpansen scheiden, nicht so groß sind als die, welche den Gorilla von den niedrigeren Affen trennen.»

In Deutschland war es der temperamentvolle Ernst Haeckel, der mit seiner berühmt und berüchtigt gewordenen Rede am 19. September 1863 auf der ersten allgemeinen Sitzung der 38. Versammlung deutscher Naturforscher und Ärzte zu Stettin in dem Vortrag: «Über die Entwicklungstheorie Darwins», die Konsequenzen zog. Haeckels entscheidender Satz – über Darwin hinausgehend – lautete: «Was uns Menschen selbst betrifft, so hätten wir also konsequenterweise, als die höchst organisierten Wirbeltiere, unsere uralten gemeinsamen Vorfahren in affenähnlichen Säugetieren, weiterhin in känguruhartigen Beuteltieren, noch weiter hinauf in der sogenannten Sekundärperiode in eidechsenartigen Reptilien, und endlich in noch früherer Zeit, in der Primärperiode, in niedrig organisierten Fischen zu suchen.» Dieser Rede ließ Haeckel 1866 die «Generelle Morphologie» und 1868 die «Natürliche Schöpfungsgeschichte» folgen, zwei Werke, durch die der Evolutionsge-

Oben: Sir Richard Owen

Bischof Wilberforce und T. H. Huxley

Ernst Haeckel

danke in Mitteleuropa verbreitet wurde und die Empörung der Gegner hervorrief. Es nützte Haeckel nichts, daß er in der «Natürlichen Schöpfungsgeschichte» betont hatte: «**Ausdrücklich will ich hier hervorheben, was eigentlich selbstverständlich ist, daß kein einziger von allen jetzt lebenden Affen, und also auch keiner von den genannten Menschenaffen der Stammvater des Menschengeschlechtes sein kann... Die affenartigen Stammeltern des Menschengeschlechtes sind längst ausgestorben.**» (Von Haeckel selbst gesperrt.) Für die Meinung der breiten Öffentlichkeit aber blieb bestehen, daß die Darwinisten lehren, der Mensch stamme vom Affen ab.

[9]

Charles Darwin hielt sich lange zurück. Erst 1871 trat er mit seinen eigenen Gedanken über *Die Abstammung des Menschen und die geschlechtliche Zuchtwahl* (*The Descent of Man, and Selection in Relation to Sex*) in die Kampfarena. Im Gegensatz zu Haeckel, dessen aggressive Art Darwin bei aller Freude an der Tüchtigkeit seines Bundesgenossen im Grunde mißfiel, mied er den öffentlichen Streit. Er blieb der «Eremit von Down», der zwar das Feuer entzündet hatte, sich aber dann möglichst weit vom Brandherd entfernt hielt. Ihm genügte es, seine Freunde und Mitstreiter auf seinem Landsitz zu empfangen und sich von ihnen erzählen zu lassen, was in der bewegten Welt geschah. Auch verfolgte er – soweit es ihm möglich war – aufmerksam alle Aufsätze in Zeitschriften und Tageszeitungen sowie Neuerscheinungen von Büchern, die sich in irgendeiner Weise mit Ursprung und Abstammung der Organismen befaßten. Er selbst griff nur selten zur Feder, um sich zu wehren, ließ vielmehr Angriffe auf sich beruhen. Ins Rampenlicht der Öffentlichkeit gezogen zu werden, war ihm ausgesprochen peinlich. Er war durchdrungen davon, daß die Wahrheit weder auf seiten der Lautredner noch der Vielschreiber zu finden ist, sondern sich allein dem ständigen Beobachten und Durchdenken des Erkenntnis Suchenden erschließt. Für diese stille Forscherarbeit ist Down der denkbar beste Ort gewesen. So konnte Darwin in Ruhe abwarten, wie die Zeitgenossen seine Gedanken aufnehmen würden. In dem ihm noch verbleibenden Lebens-Jahrzehnt durfte er mit Befriedigung und Freude erfahren, daß sein Werk nicht nur beachtet wurde, sondern eine geistige Revolution auf dem Erkenntnisfelde weit über die Biologie hinaus bewirkte. Das Fragliche in seiner Grundkonzeption blieb ihm nicht verborgen. Er ahnte die Ergänzungsbedürftigkeit seiner Idee, sah sich selbst aber zu einer Erweiterung außer stande.

Karikatur Darwins, 1871

DARWINS WEITERE WERKE

Die «Pangenesis-Theorie»

Darwin hat einmal den Versuch unternommen, Aufhellung in die Gebiete zu bringen, die ihm durch seine eigene Lehre vom Werden der Organismen nicht genügend aufgeklärt erschienen. In dem großen, zweibändigen Werk über *Das Variieren der Tiere und Pflanzen im Zustande der Domestikation,* das neun Jahre (1868) nach der *Entstehung der Arten* herauskam, bemühte er sich, eine allgemeine Theorie des Lebens aufzustellen. Der Name, den er dieser Theorie gab, war *Pangenesis.* Unter allem, was Darwin geschaffen hat, ist dies wohl seine schwächste Leistung gewesen. Von seinen Anhängern wird sie darum gern übergangen und verschwiegen. Und das ist berechtigt, denn sie hat die Wissenschaft vom Leben, die Bio-Logie in keiner Weise gefördert. In der Lebensbeschreibung der Individualität Charles Darwins aber darf sie nicht fehlen, zumal sie Zeugnis davon ablegt, daß Darwin mit den von ihm selbst gefundenen Antworten nicht zufrieden war und daher weitergesucht hat. Es ist kein Zufall, daß der Darwinismus als Erklärung des Artenwandels von allen «Materialisten» so freudig begrüßt wurde (Büchner, Vogt). Das Prinzip der natürlichen Zuchtwahl liegt durchaus in der Linie der mechanistischen Welterklärung. So schrieb Friedrich Engels an Karl Marx (November 1859): «... Übrigens ist der Darwin, den ich gerade lese, ganz famos. Die Teleologie war nach einer Seite hin noch nicht kaputt gemacht. Das ist jetzt geschehen.» Und ein Jahr später äußerte sich Karl Marx in einem Brief (Dezember 1860): «Obgleich grob englisch entwickelt, ist dies das Buch, das die naturhistorische Grundlage für unsere Arbeit enthält.» «Für unsere Arbeit»: das heißt für den ökonomischen Materialismus. Man kann weder das Urteil «grob englisch» – wir würden lieber sagen: englisch vereinfachend – noch seiner Behauptung, dieses Buch enthalte die naturhistorische Grundlage für den Marxismus, widersprechen. Es ist der Geist des wissenschaftlichen Materialismus, der sich nach dem Untergang der Klassik (Goethe) und der Romantik (Novalis), des Idealismus (Hegel) und der Naturphilosophie (Schelling) in Europa breitgemacht hatte und als «exakte Naturwissenschaft» auch in der Theorie die zweite Hälfte des 19. Jahrhunderts beherrschte.

Um so bemerkenswerter war der linkische, um nicht zu sagen dilettantische Versuch Darwins, mit seiner Pangenesis-Lehre eine allgemeine Erklärung des Lebens schlechthin geben zu wollen. Es zeigte sich, daß eine Denkart, die sich auf einem bestimmten Gebiet bewährt hat, keineswegs auch auf anderen Feldern fruchtbar sein muß.

«Das Kapital» von Karl Marx mit Widmung für Darwin

Darwin wird zu seiner Pangenesis-Theorie von Tatsachen geleitet, die wir auch heute mit den Namen «Reproduktion», «Regeneration», «Knospung», «Korrelation» und anderen beschreiben und die seit eh und je von den zum Vitalismus neigenden Naturforschern besonders beachtet wurden. Worauf beruht zum Beispiel das Vermögen niederer Tiere, amputierte Organe und ganze Organsysteme genau auf der Amputationslinie zu reproduzieren und so den Verlust durch Selbstheilung zu ergänzen? Darwins Antwort: durch Pangenesis, das heißt wörtlich: durch All-Schöpfung, erinnert an Fritz Reuters Aussage, daß die Armut von der pauvreté kommt. Denn seine Antwort ist nur die Wiederholung der Frage: Wie kommt es, daß jeder einzelne Teil von Pflanzen und Tieren in der Gestalt von Ei, Sperma, Knospe, Pollenkorn die Ganzheit der geteilten oder verletzten Zellen oder Zellverbände wieder herstellen kann? Darwins Antwort:

weil jeder Organismus eine Unzahl von Kleinstkeimen in sich trägt, von denen jeder die Fähigkeit hat, den Gesamtorganismus zu reproduzieren.

Darwin unterscheidet sich in seiner Theorie von Vitalisten wie Driesch nur dadurch, daß er die Begriffe von Entelechie und Ganzheit materiell lokalisieren will. Er nähert sich damit der heutigen Molekular-Biologie und ihrer Betonung der Bedeutung der vor allem im Zellkern, sekundär auch im Zellplasma wirksamen Nukleinsäureketten und Proteine als Träger des «Geheimcodes» der spezifischen Zell-«Informationen», durch die aus dem Einzelwesen das Ganze wieder hergestellt werden kann.

Darwin überschreibt das Kapitel vorsichtig: *Provisorische Hypothese der Pangenesis* und zitiert den englischen Geschichtsschreiber Whewell: «Hypothesen können der Wissenschaft oft von Nutzen sein, wenn sie auch einen gewissen Teil Unvollständigkeit und sogar Irrtum involvieren.» Für Darwins Theorie würde wohl das Wort «unzulänglich» am Platze sein.

Im Zusammenhang mit seiner Pangenesis-Theorie behandelt Darwin auch im positiven Sinne die Vererbung von durch Gebrauch oder Nichtgebrauch veränderten Organen. *Ein Pferd wird auf gewisse Gangarten dressiert, und das Füllen erbt ähnliche konsensuelle Bewegungen. Das domestizierte Kaninchen wird infolge der engen Gefangenschaft zahm, der Hund infolge seines Umganges mit den Menschen intelligent; der Apportierhund lernt das Ergreifen und Bringen und diese geistigen Fähigkeiten und körperlichen Bewegungen werden alle vererbt.* Im Sinne des heutigen Darwinismus gibt Darwin sich hier wieder als Lamarck-Anhänger, der die Vererbung erworbener Eigenschaften anerkennt und damit sich als ein schlechter «Darwinist» erweist.

Darwin selbst scheint von seiner Pangenesis-Theorie nicht so sehr überzeugt zu sein: *Bis hierher sind wir imstande gewesen, mit Hilfe unserer Hypothese ein gewisses mattes Licht auf die uns dargebotenen Probleme zu werfen; wir müssen aber bekennen, daß noch viele Punkte durchaus zweifelhaft bleiben.* Wie aus einer anderen Welt klingt der an Paracelsus erinnernde Satz, mit dem Darwin das Kapitel über die Pangenesis abschließt: *Ein Organismus ist ein Mikrokosmos – ein kleines Universum, das aus einer Menge sich selbst fortpflanzender Organismen gebildet wird, welche unbegreiflich klein und so zahlreich wie die Sterne am Himmel sind.* Ist dies der gleiche Darwin, der die *Natürliche Zuchtwahl* verkündete? Es ist wohl der «andere» Darwin, der den (auf S. 139 f zitierten) Brief seiner Frau wie eine Reliquie verehrt und Tränen vergießt, wenn er an ihre Mahnung, den Geist nicht zu vergessen, denkt.

1865

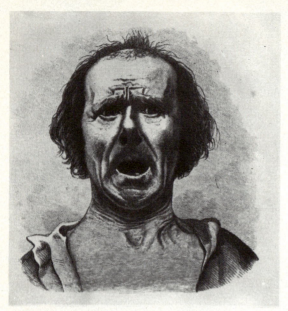

*Aus: «Der Ausdruck der Gemütsbewegungen
bei den Menschen und den Tieren».
Äußerste Furcht*

«DER AUSDRUCK DER GEMÜTSBEWEGUNGEN»

Schon ein Jahr nach Erscheinen des Buches *Die Abstammung des Menschen* brachte Darwin ein Werk heraus, das den Titel führt: *Der Ausdruck der Gemütsbewegungen bei den Menschen und den Tieren* (*The Expression of the Emotions in Man and Animals*, 1872). Eigentlich hatte diese Arbeit nur ein Kapitel in *Descents of Man* sein sollen. Aber bei der Ordnung seiner in vielen Jahren (seit 1840) zusammengetragenen Notizen erwies sich, daß sie genügend Stoff für ein eigenes Buch enthielten. Um sich recht viel Beobachtungsmaterial zu beschaffen, hatte Darwin einen großen Kreis von Mitarbeitern gewonnen, denen er Fragebogen schickte und deren Antworten er auswertete. Ärzte, Missionare, Naturforscher wurden von ihm persönlich gebeten, ihm ihre Beobachtungen mitzuteilen. So entstand dieses Werk, das zur Keimzelle für die moderne Verhaltensforschung geworden ist. Der neue, vom Evolutionsgedanken befruchtete Denkansatz wird deutlich, wenn man Darwins Werk mit den «Physiognomischen Fragmenten» Lavaters vergleicht. Lavater ist bestrebt, lediglich eine Ausdrucks-Psychologie zu schaffen, die aus der Leibesform auf Seelenartung schließt. Darwin geht es um ein entwicklungsgeschichtliches Verständnis, vor allem um den Nachweis der intimen Verwandtschaft, die zwischen den Seelenregungen des Menschen und ihrer körperlichen Erscheinungsform und denen der Tiere besteht. Hatte man sich in der Physiognomik bislang bemüht, die Sonderstellung des Menschen unter den Säugetieren aufzuzeigen, ist es Darwins Ziel, in allem und jedem das Tierhafte am Menschen nachzuweisen. In diesem Bestreben schießt Darwin mehrfach über das Ziel hinaus. Wenn der Mensch in wütender Erregung oder im Hohn «die Zähne zeigt», enthüllt dies für Darwin seine tierische Abstammung. Die demütig kniende Haltung eines Beters mit emporgehobenen, aneinandergelegten Händen ist für ihn ein Hinweis auf lange Gewohnheit früher Völker, in sklavischer Unterwürfigkeit dem Sieger die Hände zum Binden hinzuhalten.

Im übrigen enthält das Werk eine Fülle an Charakterisierungen von Ausdrucksbewegungen, die zum Teil auch heute noch nicht veraltet sind.

Aus demselben Werk: Katze, vor einem Hund erschreckend

Zugleich offenbart dieses Buch Stärke und Schwäche der Position Darwins überhaupt. Als Meister der Beobachtung verfällt er, im Bemühen, das Wahrgenommene geistig zu ordnen, einer Vereinfachung, die der Ganzheit des Phänomens nicht gerecht wird. Die Unterordnung der unendlich vielen Einzelvorgänge unter wenige gedanklich faßbare Gesetze geschieht auf Kosten des Verständnisses der vollen Wirklichkeit. Die Wahrnehmungsinhalte werden durch die Einseitigkeit der Gedanken vergewaltigt, aber das Ganze der Lehre gewinnt – wie so oft durch einseitige Gedanken – an Stoßkraft.

Andererseits spricht es für Darwins Fähigkeit, objektiv zu sein, daß er das «Erröten» des Menschen aus Scham, Schüchternheit oder Bescheidenheit nicht von irgendeiner tierischen Eigenart abzuleiten versucht, sondern als *die eigentümlichste und menschlichste aller Ausdrucksformen* bezeichnet. Es bedürfe eines überwältigenden Beweismaterials, *um uns glauben zu machen, daß irgendein Tier erröten könnte.* Hier berührt sich die wissenschaftliche Ansicht Darwins mit der mythischen Schau der Genesis, daß die Scham, die erröten läßt, eine spezifische Eigenschaft des Wesens ist, das vom Baume der Erkenntnis gegessen hat: des Menschen.

Bald nach Vollendung des Buches über den Ausdruck der Gemütsbewegungen schrieb Darwin an Haeckel: *Ich habe ein kleines Buch über den Ausdruck der Gemütsbewegungen vollendet und werde es Ihnen zusenden, falls Sie es zu Ihrer Unterhaltung lesen möchten. Ich habe alte botanische Arbeiten wiederaufgenommen und werde mich nie mehr mit theoretischen Fragen beschäftigen. Ich werde alt und schwach, und kein Mensch ist imstande zu sagen, wann seine intellektuellen Fähigkeiten nachlassen.*

Darwin hat Wort gehalten. Mit der Darstellung theoretischer Fragen hat er sich in seinen letzten zehn Lebensjahren kaum noch befaßt. Dafür sind sieben bedeutende Werke über die Pflanzen der Hauptertrag seiner letzten Lebenszeit.

DARWIN ALS BOTANIKER

Die beiden Männer, die den stärksten Einfluß auf Darwin ausgeübt haben. Henslow und Hooker, waren Botaniker. Ebenso gehörten Asa Gray, Robert Brown und manche andere Wissenschaftler, denen Darwin sich mehr oder weniger verbunden wußte, zur «scientia amabilis», wie man die Pflanzenkunde einst nannte. Darwin selbst hat oftmals erklärt, daß er von Pflanzen nicht viel verstehe. Das änderte sich, nachdem die *Entstehung der Arten* geschrieben war. Auch ist zu bedenken, daß Charakterisierungen, die Darwin von sich selbst gibt,

*Aus demselben Werk: Cynothecus niger,
sich über Liebkosungen freuend*

meist untertrieben sind. Schon als Kind hatte er Pflanzen bestimmt und getrocknet, in Cambridge die Vorlesungen Henslows über Botanik gehört, mit ihm botanisiert und auf der Weltreise, soweit wie möglich, Sammlungen von Pflanzen angelegt. In dem Augenblick aber, als er daran ging, das Werden der Organismen darzustellen, wurde deutlich, daß seine geologischen und zoologischen Kenntnisse ausreichten, daß er aber auf dem Feld der Botanik noch viel zu erarbeiten habe. Sobald er entdeckte, daß die Fortpflanzungsprobleme, insbesondere Kreuzungen, für den Artenwandel eine bedeutungsvolle Rolle spielen, begann er, schon im Sommer 1839, die Befruchtung von Blüten durch Insekten aufmerksam zu beobachten. Auf Rat von Robert Brown besorgte er sich im November 1841 ein Exemplar des Buches «Das entdeckte Geheimnis der Natur» von C. K. Sprengel und las es mit größtem Interesse. In den Jahren (1841–54), die wir als seine geologische und zoologische Periode bezeichnet haben, pflegte er – gleichsam als Unterströmung – das Studium der Blütenverhältnisse und ihrer Befruchtungen. Zahlreiche Beispiele in *Entstehung der Arten* legen davon Zeugnis ab. Kaum aber ist dieses Buch erschienen, wendet Darwin sich mit aller Kraft der speziellen Erfor-

Titelblatt des Buches von C. K. Sprengel

schung der Befruchtungsverhältnisse von Orchideen zu. Damit hat seine dritte wissenschaftliche Epoche, die des Botanikers, begonnen. Ihr Ergebnis sind die Werke:
1. *Die verschiedenen Einrichtungen, durch welche Orchideen von Insekten befruchtet werden* (1862)
2. *Die Bewegungen und Lebensweise der kletternden Pflanzen* (1867)
3. *Das Variieren der Tiere und Pflanzen im Zustande der Domestikation* (2 Bände 1868)
4. *Insektenfressende Pflanzen* (1875)
5. *Die Wirkungen der Kreuz- und Selbst-Befruchtung im Pflanzenreich* (1876)
6. *Die verschiedenen Blütenformen an Pflanzen der nämlichen Art* (1877)
7. *Das Bewegungsvermögen der Pflanzen* (1881).

Einundzwanzig Jahre, von 1859 bis 1880, hat Darwin unablässig botanische Versuche im eigenen Gewächshaus angestellt, Pflanzen in der Natur beobachtet und über sie nachgedacht. Die sieben Werke dokumentieren als Ganzes die außergewöhnliche Zähigkeit im Verfolgen seiner Ziele und den genialen Einfallsreichtum, mit dem er der Natur ihre Geheimnisse abzulauschen sucht. Insgesamt sind es über 3000 Druckseiten in Großformat, auf denen er die Resultate seiner Bemühungen mitteilt. Neben allem anderen auch eine gewaltige Fleißarbeit! Das Erstaunlichste aber ist, daß er sich jetzt von der ersten bis zur letzten Seite als gründlicher und versierter Fachmann erweist, der sowohl die pflanzlichen Objekte als auch die einschlägige Literatur seiner Zeit beherrscht.

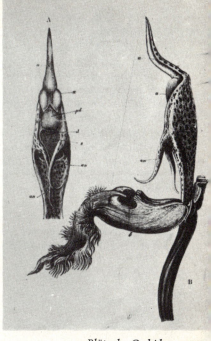

Blüte der Orchidee Catesecum saccatum

Wenn man davon ausgeht, daß das «eigentlich Pflanzliche» – im Gegensatz zu dem Empfindungen äußernden Tierischen – auf den vom Assimilationsprozeß getragenen Wachstumsvorgängen beruht, so fällt auf, daß sich Darwin für diese Seite der Pflanzen nicht so sehr interessierte. Seine Aufmerksamkeit galt primär jenen Grenzprozessen, in denen sich die Pflanze wie von ferne dem Tier nähert: der Befruchtung und Kreuzung, dem Zusammenspiel mit Insekten und Vögeln bei der Befruchtung, den Eigenarten der «fleischfressenden» Pflanzen und dem relativen Bewegungsvermögen der Rank-, Schling- und Kletterpflanzen. Die lautlose, in reinen Form-Gestaltungen der ungezählten differenzierten Blatt- und Blütenbildungen lebende Pflanze, die Morphologie, gibt wenig Grund, vom *Kampf ums Dasein* zu sprechen. Die Art, wie ein Baum harmonisch im Rund die Blätter aus der Ganzheit seiner Krone zum Licht hin ordnet, hat mit internem Rivalentum nichts zu tun. Wohl aber alle die Einrichtungen, die nur sinnvoll und verständlich werden, wenn man ihre Beziehungen zur biologischen Umwelt durchschaut. Da solche «Einrichtungen» – man denke nur an die raffinierten Schau- und Duftapparate der Orchideen – sich als mehr oder weniger vorteilhaft im Existenzkampf erweisen, liegen diese alle in der gedanklichen Richtung, die Darwin in der *Entstehung der Arten* eingeschlagen hat.

Überblickt man das Gesamtwerk Darwins, wie es als Einheit in dem Nacheinander des Erscheinens seiner Bücher zum Ausdruck kommt, kann man ihm nur recht geben, wenn er in einem Zusatz zu seiner Autobiographie am 1. Mai 1881 sagt: *Meine Bücher sind die Meilensteine in meinem Leben gewesen.*

Der letzte Meilenstein entsprach dem ersten. Hatte Darwin mit einer kleinen Arbeit über den Regenwurm begonnen, so erschien als letztes seiner Bücher *Die Bildung der Ackererde durch die Tätigkeit der Würmer.* Eine hochinteressante Studie, die auch heute von ihrer Aktualität nichts verloren hat. Gültig wie damals, als Darwin ihn niederschrieb, ist der Satz: *Die Regenwürmer haben in der Geschichte der Erde eine bedeutungsvollere Rolle gespielt, als die meisten auf den ersten Blick annehmen dürften.*

DER MENSCH CHARLES DARWIN

Name und Wesen Darwins sind in der Welt unlösbar mit den Begriffen *Natürliche Zuchtwahl* und *Kampf ums Dasein* verbunden. Darwin und Darwinismus werden als Einheit vorausgesetzt. Nur Fachleute wissen zwischen beiden zu unterscheiden. Für die Allgemeinheit blieb und bleibt Darwin der große Naturforscher, der seine Mitmenschen lehrte, wie nahe Mensch und Tier miteinander verwandt sind und daß der Mensch von «affenähnlichen Vorfahren abstammt». Der «andere» Darwin, der Mensch, ist ungleich weniger bekannt. Sein Sohn Francis hat sich mit selbstloser Treue gemüht, der Nachwelt das Charakterbild seines Vaters zu vermitteln. Er gab Charles Darwins Autobiographie fünf Jahre nach dessen Tod (1887) heraus und fügte ihr einen ausführlichen Aufsatz an: «Erinnerungen aus meines Vaters täglichem Leben». Mit viel Liebe und Sorgfalt führte er beide Aufgaben durch.

Die «Erinnerungen» von Francis Darwin beschreiben sorgfältig die Lebensgewohnheiten und Charakterzüge seines Vaters. «Ich glaube nicht, daß er in seinem ganzen Leben ein böses Wort zu irgendeinem seiner Kinder gesagt hat. Ich bin aber auch dessen sicher, daß es uns niemals in den Sinn gekommen ist, ihm nicht gehorchen zu wollen.» Sein liebevolles Patriarchat war für alle Beteiligten problemlos und selbstverständlich. So labil sein Gesundheitszustand und davon abhängig sein seelisches Befinden war, so gleichbleibend freundlich und gütig war sein Verhalten zu seiner Umwelt. Etwa im Jahre 1860 – also nach einundzwanzigjähriger Ehe – schrieb ihm seine Frau: «Ich kann Dir nicht sagen, wie ich mit Dir fühlte während all Deiner Leiden in den vergangenen Wochen, welche Dir so viele Störungen verursachten, und wie sehr ich Dir dankbar bin für die heitere Art, die Du mir gegenüber zur Schau trugst, obschon ich wußte, wie elend Du Dich fühltest. Aus vollem Herzen konnte ich oft nicht sprechen oder zeigen, was ich fühlte. Ich bin überzeugt, ich weiß es, daß ich Dich genug liebe, um Deine Leiden ernst zu nehmen, und der einzige Trost für meinen Geist besteht darin, alles aus Gottes Hand zu empfangen und zu glauben, daß alle Leiden und Krankheiten uns auferlegt werden, um unseren Geist zu erheben und voller Hoffnung auf ein zukünftiges Leben zu schauen.»

Es wäre billig, solche Zeilen als «altmodische Frömmigkeit» abzutun. Ist es nicht wichtiger, zu sehen, wie die Umwelt beschaffen war, in der Charles Darwin lebte, aus der er seine Kräfte nahm? Sein Kopf lehrte das allwaltende Prinzip des *Kampfes ums Dasein*, sein Herz nahm und gab Liebe. «Er behielt seine entzückend liebevolle Art und Weise gegen uns alle sein ganzes Leben hindurch» (Francis).

Darwins Arbeitszimmer mit dem Lehnstuhl, in dem er seine Werke schrieb

Francis' Schwester, Henrietta Litchfield, hat 1915 das geistige Pendant zur Arbeit ihres Bruders geliefert und in Form zweier Briefbände das Lebensbild ihrer Mutter, Emma Darwin, bewahrt. Zuvor hatte sie ihrem Bruder für dessen Aufzeichnungen einen Beitrag über ihren Vater geschrieben, dem wir folgende Absätze entnehmen: «Er muß der geduldigste und netteste Krankenpfleger gewesen sein. Ich erinnere mich, daß es mir als der Hafen des Friedens und Trostes erschien, wenn ich unwohl war, zusammengekuschelt auf dem Sofa in seinem Arbeitszimmer sitzen zu können und in müßigen Träumen die alte, an der Wand hängende geologische Karte zu betrachten. Das muß in seinen Arbeitsstunden gewesen sein; denn ich sehe ihn immer in seinem roßhaarüberzogenen Lehnstuhl an der Ecke des Kamins sitzend vor mir.» In dieser Stellung, mit einem Brett über die Armlehnen des Sessels und seinen Knien hat Darwin den größten Teil seiner Werke mit der Hand geschrieben. Waren die Manuskripte zu unleserlich, wurden sie einem Schreiber zur Abschrift gegeben.

Tiefen Schmerz erlitten Charles und Emma Darwin durch den frühzeitigen Tod ihres zweitgeborenen Kindes, Anna, die am 23. April 1851 im Alter von zehn Jahren starb. Selten in seinem Leben gibt Darwin so offen seine innersten Gefühle preis, läßt so die Zartheit seiner Seele erkennen, wie in der Aufzeichnung, die er eine Woche nach dem Sterben seiner Tochter niederschrieb. *Von welchem Gesichtspunkte aus ich nur immer an sie zurückdenke, der Hauptzug in ihrem ganzen Wesen, welcher sofort vor mir erscheint, ist ihre sprudelnde Fröhlichkeit, die von zwei anderen charakteristischen Eigenschaften wohltuend gemäßigt wurde, nämlich ihre Empfindsamkeit ... und ihre große Liebe. Ihre Heiterkeit und ihre Lebendigkeit strahlten aus ihrem ganzen Wesen hervor und machten jede ihrer Bewegungen elastisch und voller Leben und Kraft. Es war entzückend und wohltuend, sie anzusehen. Ich sehe jetzt ihr liebes Gesicht vor mir, wie sie zuweilen die Treppe herabgelaufen kam mit einer heimlich gestohlenen Prise Tabak für mich, ihre ganze Erscheinung Freude, Freude machen zu können ... In ihrer letzten Krankheit war ihr Benehmen einfach engelgleich. Sie hat nicht ein einziges Mal geklagt, sie wurde niemals eigensinnig, war immer rücksichtsvoll gegen andere und war dankbar in der sanftesten, ergreifendsten Art und Weise für alles, was man ihr tat ... Als ich ihr etwas Wasser gab, sagte sie: «Ich danke Dir innig»; und dies waren, glaube ich, die letzten teuren Worte, welche von ihren lieben Lippen an mich gerichtet worden sind ... Sie muß es gewußt haben, wie sehr wir sie geliebt haben. O daß sie jetzt wissen könnte, wie tief und wie zärtlich wir jetzt noch ihr teures heiteres Gesicht lieben und immer lieben werden! Sie sei gesegnet!* Diese innige Liebe zu seinem Töchterchen und der große Kummer über ihren Tod kommt auch in einem Brief an Vetter Fox zum Ausdruck: *Sie hat kaum gelitten und entschlief so ruhig wie ein kleiner Engel ... Sie war mein Liebling.* Emma Darwin schrieb ihrerseits: «Mein Gefühl der Sehnsucht nach unserem verlorenen Schatz macht mich gegenüber den anderen Kindern schmerzlich gleichgültig, aber ich werde binnen kurzem in meinem Gefühl ihnen gegenüber wieder zurechtkommen.» Ihr blieb nicht lange Zeit, ihrem Schmerz nachzugehen. Die sieben verbliebenen Kinder verlangten ihr Recht, und drei Wochen nach dem Tode der kleinen Anna wurde Horace geboren.

So patriarchalisch geordnet das Leben in Down auch verlief, so «modern» war die freiheitliche Grundstimmung. «Ein anderer charakteristischer Zug der Behandlung seiner Kinder war seine Achtung vor ihrer Freiheit und vor ihrer Persönlichkeit. Ich erinnere mich, daß ich mich selbst als ganz junges Mädchen dieser Freiheit erfreute. Unser Vater und unsere Mutter wünschten nicht einmal zu wissen, was wir gerade taten und dachten, wenn wir nicht den Wunsch hatten, es ihnen zu sagen. Er ließ uns immer fühlen, daß jeder von uns ein Geschöpf sei, dessen Meinungen und Gedanken wertvoll für ihn wären, so daß das, was nur immer das Beste in uns war, in dem Sonnenschein seiner Gegenwart herauskam» (Henrietta Litchfield).

Darwin war ein sparsamer Mensch. Auf seine Fähigkeit, mit Geld umgehen zu können, tat er sich etwas zugute. Francis Galton (1822 bis 1911), ein Vetter Darwins und Begründer der menschlichen Erblehre, verschickte 1873 an verschiedene bekannte Wissenschaftler einen Fragebogen, dessen Auswertung er später der Öffentlichkeit zugänglich machte. Auf die Frage nach «speziellen Talenten» lautete Darwins bescheidene Antwort: *Keine, ausgenommen für Geschäftliches, wie es aus dem Rechnungsführen, Antworten auf Briefe und sehr gutem Anlegen von Geldern hervorgeht. In allen meinen Gewohnheiten sehr methodisch.*

Diese Antwort gehört zu den erstaunlich treffsicheren Resultaten seiner Selbstbeobachtung. Darwin war in allen seinen Gewohnheiten tatsächlich ungewöhnlich «methodisch», um nicht zu sagen: pedantisch. In allen Verwaltungsdingen ist er ein vorbildlicher Buchhalter gewesen, so dreißig Jahre lang als Schatzmeister des Friendly Club und als Kassierer eines Kohlenklubs, beides in Downe, und für einige Jahre als Grafschaftsmagistrat. Auch die Kirchengemeinde in Downe hatte, unbeschadet seines mangelnden Glaubens, ihm viel geschäftliche Hilfe zu verdanken.

Einzigartig war sein Verhältnis zur Zeit. Er vergaß nie, wie kostbar sie ist und geizte buchstäblich mit jeder Minute. *Minuten sparen ist die beste Art, eine Arbeit zu vollenden.* Seine labile Gesundheit ließ ihn sorgsam darauf achten, sich nicht an unwesentliche Dinge zu vergeuden, sondern mit seinen Kräften hauszuhalten. Dementsprechend war sein Tagesablauf genau eingeteilt. Darwin ist ein

Frühaufsteher gewesen und pflegte schon vor dem ersten Frühstück einen Spaziergang zu machen. Der folgende Tag sah dann etwa so aus:

7.45 Uhr allein gefrühstückt.

8–9.30 Uhr beste Arbeitszeit.

9.30–10.30 Uhr Post durchsehen. Die eingegangenen Briefe ließ er sich am liebsten vorlesen, ebenso ein Stück aus einem Roman, während er auf dem Sofa lag.

10.30–12 Uhr weitere Arbeit. Anschließend Spaziergang, in der Regel in Begleitung eines Hundes. Besuch des Gewächshauses, dann stets der gleiche Gang auf dem «Sandweg». Darauf folgte das zweite Frühstück, danach Zeitunglesen im Liegen auf dem Sofa. Anschließend Briefeschreiben.

15 Uhr Mittagsruhe – mit Zigarette.

16 Uhr erneuter Spaziergang nach dem Umkleiden. «Dabei war er so regelmäßig, daß man ganz sicher sein konnte, es sei 4 Uhr und einige wenige Minuten, wenn man seinen Schritt die Treppe herab kommen hörte» (Francis Darwin).

16.30–17.30 Uhr Arbeit.

17.30–18 Uhr Arbeitspause.

18 Uhr Anhören eines Romans.

19.30 Uhr Hauptmahlzeit. Anschließend mit Emma Darwin zwei Partien Brettspiel, Roman-Vorlesen oder Anhören von Klavierspiel.

22 Uhr verließ Darwin das Wohnzimmer und ging

22.30 Uhr zur Ruhe. «Seine Nächte waren meist schlecht, er lag oft wach oder saß aufrecht im Bett, da er viel an Unbehagen litt.»

Diese pedantisch innegehaltene Tageseinteilung war bei Darwin eine Frage der Selbsterhaltung. In jedem anderen Fall hätte er niemals sein gewaltiges – auch quantitativ bedeutendes – Wissenschaftswerk schaffen können. Durch die so extrem egozentrisch durchgeführte Tagesgestaltung gewann er die Kraft zur Arbeit und auch Zeit für ein echtes, selbstloses Interesse an der Gedankenwelt und den Handlungen anderer. Auf die von Galton gestellte Frage nach «ausgesprochenen Eigentümlichkeiten» seines Wesens lautete Darwins Antwort: *Beharrlichkeit – große Wißbegierde in bezug auf Tatsachen und deren Bedeutung. Einige Liebe für Neues und Wunderbares.* Diese Beharrlichkeit im Verfolgen seiner Ziele, verbunden mit einem ungewöhnlichen Fleiß, ist wohl die wesentliche Voraussetzung für den großen Erfolg gewesen, der seinem Lebenswerk beschieden war. Seine Zähigkeit, bei einem bestimmten Gegenstand, insbesondere bei Naturbeobachtungen und Experimenten zu verharren, grenzte an Starrköpfigkeit. Der Satz, den er selbst gern für seine Geduld und Ausdauer brauchte, heißt: *Es ist starrköpfig, so zu sein.*

Bei allem, was Charles Darwin unternahm, stand seine Frau helfend im Hintergrund. Sie führte den komplizierten Landhaushalt sowie die große Kinderschar mit sicherer Hand und sorgte für die Gäste des Hauses. Sie war es auch, die jahraus, jahrein den gesundheitlich so labilen Mann stützte, ihn gegen alle Störungen der Umwelt abschirmte und mit ihm reiste, wenn er sich den Kaltwasserbehandlungen in Sanatorien (in Malvern, Ilkley, Moor Park, Sudbroke) unterzog oder zur Erholung Seebäder aufsuchte. Als ein ihm geistig ebenbürtiger Mensch hat sie seine wissenschaftlichen Wege in ihrer Art begleitet und ihm durchaus den Widerpart gehalten, wenn sie nicht einverstanden war. Schwer wurde es ihr, zu sehen, wie ihr Mann unter der Suggestivkraft seiner eigenen Gedanken sich zunehmend der christlichen Religion entfremdete. Dabei ließ er ihr in der religiösen Erziehung der Kinder völlig freie Hand. Ganz selbstverständlich wurden die Kinder in der Anglikanischen Kirche getauft, konfirmiert und später getraut. Es lag Darwin fern, auf konfessionellem Feld den Reformator oder Revolutionär zu spielen oder im Stil Ernst Haeckels gegen die Konfessionen aggressiv zu werden. Trotzdem sah Emma Darwin deutlich, wie seine Gedanken das religiöse Empfinden und Leben unterminierten. Das machte ihr große Sorge, denn sie spürte darin einen Verlust von etwas Wesentlichem.

Wohnzimmer in Down House

Ihrer Besorgnis vermochte sie klaren Ausdruck zu geben. So schrieb sie einst an ihren Mann: «Dein Geist und Deine Zeit sind von den interessantesten Dingen und fesselndsten Gedanken erfüllt. Indem Du diese Ideen verfolgst, welche Dich zu Deinen Entdeckungen führen, wird es schwierig für Dich sein, andere Gedankengänge, welche keine Beziehung zu dem, was Dich beschäftigt, besitzen, nicht als Störungen zu empfinden, oder es wird Dir nicht möglich sein, beiden Seiten der Frage Deine ganze Aufmerksamkeit zuzuwenden.» In so guten, klaren Worten spricht sie in einem herzlich-persönlich gehaltenen Brief aus, was die welthistorische Situation Darwins und des Darwinismus ausmacht: die genial-einseitige Konzeption, die auf Kosten anderer, speziell spiritueller Gesichtspunkte geht. Um das physische Werden der Organismen verstehen zu können, mußte zunächst der in der Natur und im Menschenleben wirksame Geist außer acht gelassen werden. Das spürte Emma Darwin und empfand es als persönlichen Schmerz und als Verlust für alle Beteiligten. Nachdem sie auf seinen Bruder Erasmus hingewiesen hat, fährt sie in ihrem Brief fort: «Es scheint mir auch, daß Deine Forschungsrichtung Dich dazu veranlassen mag, hauptsächlich die Schwierigkeiten auf der einen Seite zu sehen, und daß Du nie Zeit hast, die Unklarheiten auf der anderen Seite zu betrachten und zu studieren. Aber ich glaube, daß Du Deine Ansichten nicht als endgültig betrachtest. Ist es nicht möglich, daß es im Wesen der naturwissenschaftlichen Forschung liegt, nichts zu glauben, was sich nicht beweisen läßt, und daß Dein Geist auch in anderen Dingen, die sich nicht beweisen lassen, sich durch die Gewohnheit wissenschaftlichen Denkens zu stark beeinflussen läßt? Ich möchte sogar selbst sagen, daß es gefährlich ist, die Vorstellung der Offenbarung aufzugeben, eine Gefahr, welche auf der anderen Seite nicht existiert, nämlich die Furcht vor der Undankbarkeit, etwas von sich zu weisen, was für unser Wohl und auch für dasjenige der ganzen Welt getan wurde. Dies sollte Dich vorsichtiger machen und Dich vielleicht fürchten lassen, Du habest Dich nicht genug bemüht um die Wahrheit. Ich weiß nicht, ob diese Argumentation den Eindruck erwecken könnte, als ob die eine Anschauung wahr und die andere falsch sei, etwas, was ich vermeiden möchte, denn ich glaube es nicht. Ich bin nicht ganz einverstanden mit dem, was Du zu mir sagtest: glücklicherweise gebe es

keinen Zweifel darüber, wie man handeln sollte. Ich bin der Meinung, daß das Gebet ein Beispiel für das Entgegengesetzte darstellt...»

Charles Darwin hat fast keinen der an ihn gerichteten Briefe aufbewahrt. Viele Briefe, die er schrieb, sind erhalten geblieben, aber von denen, die er empfing, sind nur wenige vorhanden. Er hatte die Angewohnheit, empfangene Schreiben auf einen Nadelstand aufzuspießen und nach einiger Zeit zu verbrennen. D i e s e n Brief behielt er und schrieb mit eigener Hand darauf: *Wenn ich tot bin, so sollst Du wissen, daß ich manchesmal diese Worte küßte und darüber weinte. C. D.*

Es wäre nicht fair, diesen intimen Vorgang im Leben Darwins zu sehr zu betonen, aber er gibt doch einen wichtigen Anhaltspunkt für die Annahme, daß Darwin sich seiner Ansichten keineswegs so sicher war, wie er nach außen vorgab. Er zweifelte nicht daran, daß seine «Entdeckungen» der Wahrheit entsprachen. Er war überzeugt, e i n e n Schlüssel zum Verständnis des Artenwandels durch die Gedanken der *Natürlichen Zuchtwahl* und des *Kampfes ums Dasein* gefunden zu haben. Aber er hatte doch ein Gefühl dafür, daß mit den Begriffen Selektion, Variation, Mutation und Isolation das «Geheimnis der Natur» nicht völlig entschleiert ist. Darum auch seine wiederholten Mahnungen, sich nicht nur der Kenntnisse, sondern ebenso der Unwissenheit bewußt zu sein.

Blick in den Garten von Down House

AUSKLANG
(1878–1882)

Charles Darwin ist sehr bewußt auf seinen Tod zugegangen. Infolge seines labilen Gesundheitszustandes hat er früh gelernt, auf Krankheitssymptome zu achten und sie nicht einfach durch Arbeit zu überspielen. So bleiben ihm auch die Vorwarnungen des nahenden Lebensendes nicht verborgen.

Dieser Grundstimmung verdanken wir seine Autobiographie, die nach seinen eigenen Worten einer Rückschau von jenseitiger Warte gleichen soll. In einer Reihe erhalten gebliebener Briefe spricht er über seine Leiden, von denen er durch zunehmende Altersbeschwerden geplagt wird.

An Admiral Sir James Sullivan schreibt er: *Meine wissenschaftliche Arbeit ermüdet mich mehr als sie es sonst zu tun pflegte, ich habe aber nichts anderes zu tun, und ob man ein Jahr oder zwei früher abgenutzt ist, hat nur wenig zu bedeuten.* (Januar 1879.)

An Sir Joseph Hooker: *Ich bin über mich ziemlich niedergeschlagen... Ich habe nicht den Mut oder die Kraft, eine Jahre währende Untersuchung anzufangen, was das einzige wäre, was mir Freude machen würde, und ich habe keine kleinen Aufgaben, die ich ausführen kann.* (Juni 1881.)

An Alfred Russel Wallace: *Ich kann nicht mehr spazierengehen und alles ermüdet mich, selbst das Ansehen der Szenerie... Was ich mit meinen wenigen noch übrigen Lebensjahren tun werde, kann ich kaum sagen. Ich habe alles, um mich glücklich und zufrieden zu machen, das Leben ist aber für mich sehr mühsam geworden.* (Juli 1881.)

Im Dezember 1881 fuhr Darwin für eine Woche nach London, um seine Tochter zu besuchen. Dort erlitt er auf offener Straße einen Schwächeanfall. Die im Februar und März in Down sich wiederholenden Anfälle mit starken Herzbeschwerden ließen auf Angina pectoris schließen. Von da ab hatte er immer häufiger Angstzustände und Ohnmachtsanfälle, denen die behandelnden Ärzte, unter anderen Sir Andrews Clark, nur wenig entgegenzusetzen vermochten. Darwin fühlte, daß seine Zeit auf Erden abgelaufen war.

Am 15. April erlitt er während des Abendessens erneut einen Ohnmachtsanfall, der sich in der Nacht vom 18. auf den 19. April wiederholte und bewirkte, daß er längere Zeit das Bewußtsein verlor. Als er zu sich kam, wurde deutlich, daß er sich der Todesnähe bewußt war. Er sprach es mit den Worten aus: *Ich habe nicht die geringste Furcht zu sterben.* Den darauffolgenden Vormittag durchlebte er nur mit Mühe und starb gegen vier Uhr nachmittags am 19. April 1882.

Charles Darwin. Gemälde von John Collier, 1881

Die letzte Aufnahme

Mit voller Berechtigung beschließt sein Sohn Francis, der mit seiner Mutter Krankheit und Sterben des Vaters Schritt für Schritt begleitet hatte, seinen Bericht mit den der «Autobiographie» entnommenen Bekenntnissätzen Darwins: *Was mich selbst betrifft, so glaube ich, daß ich recht gehandelt habe, stetig der Wissenschaft zu folgen und ihr mein Leben zu widmen. Ich fühle keine Gewissensbisse, irgendeine große Sünde begangen zu haben, ich habe sehr oft bedauert, daß ich meinen Mitgeschöpfen nicht mehr direkt Gutes getan habe.*

Es ist der Wunsch der Familie, vor allem von Frau Emma Darwin gewesen, den Leib des geliebten Verstorbenen in Down zu bestatten. Doch als der Dekan der Westminster Abbey, Dr. Brandley, dem Gesuch von 20 Mitgliedern des englischen Parlaments entsprach und die Beisetzung der sterblichen Hülle des großen Mannes an der zentralen Stätte Großbritanniens, der Westminster Abbey, befürwortete, haben auch die Familienglieder zu dieser höchsten Ehrung, die einem verstorbenen Engländer zuteil werden kann, ihre Zustimmung gegeben.

Ein auserlesener Kreis von zehn hervorragenden Männern, dar-

Prozession der Ritter des Bath-Ordens vor der Westminster Abbey

Grabplatte in der Westminster Abbey

unter die engsten Freunde Charles Darwins, hielten – entsprechend alter Sitte – das über den Sarg gespannte Leichentuch:
Sir John Lubbock
Thomas Henry Huxley
James Russell Lowell
  (der amerikanische
  Botschafter in England)
Canonicus Sir Thomas Farrer
Sir Joseph Hooker
William Spottiswoode
  (Präsident der Royal Society)
Alfred Russel Wallace
Duke of Devonshire
Earl of Derby
Duke of Argyll.
Repräsentative Vertreter aus Frankreich, Deutschland, Italien, Spanien, Rußland und von zahlreichen Universitäten und wissenschaftlichen Gesellschaften sowie ein großer Kreis Angehöriger und Freunde der Familie Darwin wohnten der feierlichen Zeremonie in Westminster Abbey am 26. April bei.

Eine einfache Steinplatte – wenige Meter vom Grabe Isaac Newtons entfernt – trägt die Inschrift

Charles Robert Darwin
Born 12 February 1809
Died 19 April 1882

ZUR AUTOBIOGRAPHIE DARWINS

> «Es ist gefährlich, den Menschen
> zu sehr auf seine Verwandtschaft
> mit dem Tiere hinzuweisen, ohne
> ihn gleichzeitig mit seiner Größe
> bekannt zu machen.»
> Blaise Pascal

Die Autobiographie Charles Darwins trägt die Überschrift: *Erinnerungen an die Entwicklung meines Geistes und meines Charakters.* Damit wird die Absicht deutlich, die Darwin mit der Niederschrift verband. Er wollte, so konsequent wie seine Lehre, auch sein eigenes Leben dem Entwicklungsgedanken unterstellen. Dabei ist er bemüht, ein Höchstmaß an Objektivität walten zu lassen. *Ich habe versucht, die folgende Schilderung meiner selbst so zu schreiben, als wäre ich ein Verstorbener in einer anderen Welt, der zurück auf sein eigenes Leben sieht.* Als er diese Zeilen schrieb, war er siebenundsechzig Jahre alt und empfand, daß sein Erdenleben sich dem Ende zuneigte. *Auch ist mir das nicht schwergefallen* – er meint, die Lebensrückschau wie von jenseitiger Warte aus zu üben –, *denn das Leben ist nun für mich nahezu vorüber.* In Wirklichkeit waren ihm noch weitere sechs Jahre auf Erden vergönnt, in denen er auf seine Art Leben und Werk abrundete. Auch fand er noch Gelegenheit, die im wesentlichen im Sommer 1876 aufgezeichneten Lebenserinnerungen 1881 zu ergänzen und sie bis nahe an sein Todesjahr (1882) heranzuführen. Und gerade diese letzte Ergänzung ist es, die Darwins Autobiographie zu einem Dokument von unschätzbarem Wert macht.

Seine Aufzeichnungen waren nicht für die Öffentlichkeit, sondern ausdrücklich für seine Frau und seine Kinder bestimmt. Darum ist es verständlich, daß angesichts ihres intimen Charakters sein Sohn Francis Darwin bei der Veröffentlichung 1886 einige Stellen fortließ, die sonst vermutlich Ärgernis erregt hätten.

Darwin selbst hat gespürt, daß er den Gewinn seiner Weltsicht, einschließlich des aus dem Evolutionsgedanken gewonnenen neuen Menschenbildes, teuer bezahlen mußte. Über sein Leben, rein äußerlich betrachtet, kann er sich nicht beklagen. Er hat es – banal gesprochen – stets «gut gehabt». Wie wir sahen, absolvierte schon der sechzehnjährige Student der Medizin in Edinburgh sein Studium, das er dann später abbrach, in der Gewißheit, daß sein Vater ihm ja *Vermögen genug hinterlassen würde, um recht bequem davon zu leben.* Auch in Cambridge konnte er sich sein Leben einrichten, wie es seinen Wünschen entsprach. So bestellte er sich, wenn seine Gemüts-

Erste Seite des Manuskriptes der
«Erinnerungen an die Entwicklung meines Geistes und meines Charakters»
von Charles Darwin

verfassung danach verlangte, den Kirchenchor der Gemeinde auf sein Studentenzimmer und ließ sich vorsingen – selbstverständlich gegen Bezahlung. Die Weltreise wurde im wesentlichen von seinem Vater finanziert und bedeutete für ihn, trotz aller mit Bravour bestandenen Widerstände und Hindernisse, ein höchst erfreuliches Abenteuer seiner Jugend.

Charles Darwin hat in seinem ganzen Leben einen äußeren Existenzkampf nie kennengelernt. Niemals ist er gezwungen gewesen, um des Verdienstes willen einen Beruf zu ergreifen und seinen Neigungen zu entsagen. War schon sein Vater ein vermögender Mann, so gehörte sein Schwiegervater zu den «Reichen des Landes». So paradox es klingen mag – Charles Darwin hat im äußeren Sinne den «Kampf ums Dasein» nie erlebt.

Als er – siebenundzwanzigjährig – nach seiner Weltreise heimkehrte, empfand er es als Zumutung, nebenamtlich Sekretär der Geologischen Gesellschaft Englands sein zu müssen. Drei Jahre tat er für die Allgemeinheit diesen Dienst, fühlte sich jedoch in seinen Kräften überfordert. Im Alter von dreiunddreißig Jahren, in dem ein junger Mann in der Regel die ganze Härte des Berufs- und Lebenskampfes zu spüren bekommt, konnte Darwin der ihm unliebsam gewordenen Großstadt London den Rücken kehren, sich einen Landsitz erwerben und dort weitere vierzig Jahre ungestört seinen wissenschaftlichen Interessen nachgehen und seiner Gesundheit leben.

Darwin vermerkt im Alter mit einer gewissen Trauer, daß im Laufe seines Lebens Veränderungen mit ihm vorgegangen sind, die er selbst als Persönlichkeitsverluste erlebte. Vor allem betrifft dies sein Verhältnis zur Religion und zur Kunst.

Seine religiöse Entwicklung ist im Grunde nichts Außergewöhnliches. Sie entspricht dem Zug, besser gesagt, dem Gefälle des 19. Jahrhunderts. Als Kind religiös-konfessionell im Sinne der unitarischen Kirche erzogen, kennt auch der junge Student Darwin noch keine echten Zweifel. Das ändert sich während der Weltreise. Er selbst empfindet die Zeit von seinem siebenundzwanzigsten bis zu seinem dreißigsten Lebensjahr als die eigentlich kritische Periode. In dieser Phase geht seine Beziehung, die er zu den Grundelementen des Christentums hatte, verloren. Was blieb, war ein allgemeiner Gottglaube: *In den äußersten Zuständen des Schwankens bin ich niemals ein Atheist in dem Sinne gewesen, daß ich die Existenz eines Gottes geleugnet hätte.*

Auf die Anfrage eines deutschen Studenten (1879), der um Auskunft über Darwins Auffassung von Gott bittet, läßt er seinen Sohn antworten: «Mein Vater ist der Ansicht, daß die Entwicklungstheorie mit dem Glauben an einen Gott völlig vereinbar ist; daß Sie aber daran denken müssen, daß verschiedene Personen verschiedene Definitionen von dem haben, was sie unter Gott verstehen.» Man sieht, an Stelle des starken Empfindens, das den Jüngling beim Erleben des brasilianischen Urwalds jubeln läßt, ist die Aussageform der Abstraktion und des Rationalismus getreten. Da der deutsche Frager mit der ihm übermittelten Antwort nicht zufrieden ist und erneut die Gretchenfrage stellt: «Wie hast du's mit der Religion?» schreibt Darwin nun selbst: *Ich bin sehr beschäftigt, ein alter Mann und von schlechter Gesundheit, ich kann nicht Zeit gewinnen, Ihre Fragen vollständig zu beantworten, sie können überhaupt nicht beantwortet werden. Wissenschaft hat nichts mit Christus zu tun, ausgenommen insofern, als die Gewöhnung an wissenschaftliche Forschung einen Mann vorsichtig macht, Beweise anzuerkennen. Was mich betrifft, so glaube ich nicht, daß jemals irgendeine Offenbarung stattgefunden hat. In betreff eines zukünftigen Lebens muß jedermann für sich selbst die Entscheidung zwischen widersprechenden unbestimmten Wahrscheinlichkeiten treffen.*

Es gibt verschiedene Gründe zu der Annahme, daß Darwin selbst mit einem Weiterleben der menschlichen Seele, der Unsterblichkeit des Menschen, rechnete. So sagt er in seiner Autobiographie: *Glaubt man, wie ich es tue, daß der Mensch in weit entfernter Zukunft ein weit vollkommeneres Geschöpf als heute sein wird, so ist es ein unerträglicher Gedanke, daß er und alle anderen empfindenden Wesen nach einem so lange fortdauernden langsamen Fortschritt zu vollständiger Vernichtung verurteilt sein sollte. Denjenigen, die die Unsterblichkeit der menschlichen Seele annehmen, wird die Zerstörung unserer Welt nicht so furchtbar sein.* Die Zurückhaltung, mit der Darwin solche Mutmaßungen ausspricht, ist nicht zu überhören, und man fühlt die unausgesprochenen Zweifel, die seine positive Aussage wieder in Frage stellen. Gleich schwer wird es ihm, einen tragenden Beweis für die Existenz Gottes zu finden. Natürlich erlebt er den Widerspruch, in dem sich seine Erklärung der Evolution durch die zufällig wirkende allmächtige Selektion zu dem traditionellen Gottesglauben befindet. Aber im Gegensatz zu Ernst Haeckel, der naiv und laut verkündet: «Es gibt keinen Gott und keine Unsterblichkeit», hält Darwin sich für einen Theisten und versucht dies zu erklären: *Eine andere Quelle für die Existenz Gottes, die mit der Vernunft und nicht mit Gefühlen zusammenhängt, macht den Eindruck auf mich, als habe sie viel mehr Gewicht. Das ergibt sich aus der äußersten Schwierigkeit oder vielmehr Unmöglichkeit, einzusehen, daß dieses ungeheure und wunderbare Weltall, das den Menschen umfaßt mit seiner Fähigkeit, weit zurück in die Vergangenheit und weit in die Zukunft zu blicken, das Resultat blinden Zufalls oder der Notwendigkeit sei.*

Denke ich darüber nach, dann fühle ich mich gezwungen, mich nach einer ersten Ursache umzusehen, die im Besitz eines, dem des Menschen in gewissem Grade analogen Intellekts ist, und ich verdiene, Theist genannt zu werden. Wenn Darwin auch dazu neigte, die Existenz Gottes und die Unsterblichkeit des Menschen anzuerkennen, so heißt dies nicht, daß er sich auch zum Christentum bekannte. Bei aller Toleranz, die er seiner Umwelt gegenüber praktizierte – zum Pfarrer in Downe hatte er freundschaftliche Beziehungen –, lehnte er für sich selbst das Christentum als solches eindeutig ab. *Und in der Tat, ich kann es kaum begreifen, wie jemand, wer es auch sei, wünschen könne, die christliche Lehre möge wahr sein; denn, wenn dem so ist, dann zeigt der einfache Text* (des Evangeliums), *daß die Ungläubigen, und ich müßte zu ihnen meinen Vater, meinen Bruder und nahezu alle meine besten Freunde zählen, ewige Strafen verbüßen müssen. Eine abscheuliche Lehre!*

Während er den Wandel seiner religiösen Anschauungen, wenn auch bedauernd, so doch wie eine Naturtatsache als Folge seines erweiterten Blickes hinnahm, machte ihm der Verlust seiner Freude an Kunst aller Art ernsthaft zu schaffen. Woran mag es liegen, fragt er sich, daß der musische Teil des Innenlebens im Alter wie dahingeschwunden und zerstört erscheint? Er erinnert sich daran, mit welchem Genuß er einst Musik gehört, Gemälde-Galerien besucht, Poesie erlebt hat – und wie dies alles ihm in späteren Jahren völlig gleichgültig, ja unangenehm wird. *Jetzt kann ich es schon seit vielen Jahren nicht mehr ertragen, eine Zeile Poesie zu lesen. Ich habe vor kurzem versucht, Shakespeare –* ihn liebte er in seiner Jugend besonders – *zu lesen; ich fand ihn unerträglich langweilig, so daß er mich zum Übelsein brachte. Ich habe auch meine Vorliebe für Gemälde und Musik fast ganz verloren.* Er nennt es einen *merkwürdigen und beklagenswerten Verlust des höheren ästhetischen Empfindens* und fragt energisch nach der Ursache dieses Schwundes an menschlich-musischer Substanz. Seine Antwort ist – wie stets sich selbst gegenüber – schonungslos und überraschend sachlich. Er glaubt, daß es an der Einseitigkeit seiner wissenschaftlichen Betätigung liegen müsse. *Mein Geist scheint eine Art Maschine geworden zu sein, die dazu dient, allgemeine Gesetze aus großen Sammlungen von Tatsachen herauszumahlen.* Das hat seiner Überzeugung nach zu einer Verbildung (Atrophie) bestimmter Gehirnpartien geführt, eben jener Teile des Gehirns, von denen die Aufnahme künstlerischer Impulse abhängig ist. Gerade die *höheren Geschmacksempfindungen* sind zum Tode, zum Absterben verurteilt, sie verkümmern, wenn sie nicht gepflegt werden. Darum kommt Darwin zu dem Schluß: *Und wenn ich mein Leben noch einmal zu leben hätte, so würde ich*

Darwins Spazierstock und sein Verandasessel

mir zur Regel machen, wenigstens alle Wochen einmal etwas Poetisches zu lesen und etwas Musik anzuhören. Hätte er das getan, meint er, würde die Verbildung des Gehirns nicht eingetreten sein. Von dieser Atrophie – als Folge der Einseitigkeit des Denkens – hängen die anderen höheren Seelenfähigkeiten ab, und deren Verkümmerung bedauert Darwin tief. *Der Verlust der Empfänglichkeit für derartige Sachen ist ein Verlust an Glück und dürfte möglicherweise nachteilig für den Intellekt, noch wahrscheinlicher für den moralischen Charakter sein, da er den gemüthaft erregbaren Teil unserer Natur schwächt.* So teilt der Begründer des Darwinismus das Resultat seiner Selbstbeobachtung mit, wonach die Einseitigkeit des Denkens sich negativ auf die Entwicklung der seelischen Fähigkeiten, der *höheren Geschmacksempfindungen* auswirkt. Würde ein Gegner des Darwinismus solche Überlegungen vortragen, würden sie wahrscheinlich als böswillige Unterstellung abgelehnt. Gegen Darwins Selbstcharakterisierung jedoch wird man schwerlich Einwände erheben können. Seine These, ins allgemein Gültige übertragen, lautet: Die Art des Denkens einer Individualität oder eines Zeitalters bleibt nicht ohne Folgen für die Entwicklung der betreffenden Persönlichkeit oder Zeitperiode. Das Denken ist ein Faktor, der gestaltend in den ontogenetischen bzw. phylogenetischen Ablauf der Menschheit eingreift. Darum ist es für den weiteren Verlauf der Menschheitsevolution von Bedeutung, daß der Mensch über sich selbst nicht einseitig, sondern a l l e Seelen- und Geistesfähigkeiten einbeziehend denkt. Für die Zukunft der Menschen ist das Denken des Menschen über sich selbst ein entscheidender Evolutionsfaktor.

So wird vielleicht deutlich, was Blaise Pascal (1623–62) 200 Jahre vor Darwin gemeint hat, als er sagte:

> «Es ist gefährlich, den Menschen
> zu sehr auf seine Verwandtschaft
> mit dem Tiere hinzuweisen, ohne
> ihn gleichzeitig mit seiner Größe
> bekannt zu machen.»

NACHWORT

In Darwins Autobiographie finden sich die folgenden Sätze: *In der zweiten Hälfte meines Lebens ist nichts bemerkenswerter als die Verbreitung des religiösen Unglaubens und der Rationalismus... So beschlich mich sehr langsam der Unglaube, bis ich am Ende völlig ungläubig wurde. Er kam so langsam über mich, daß ich es schmerzlos empfand und in keinem Augenblick habe ich an der Richtigkeit meiner Schlußfolgerungen gezweifelt... Man könnte ganz zutreffend sagen, daß ich ein Mensch bin, der farbenblind geworden ist.*

Es wäre ungut, diese Bekenntnissätze zugunsten des traditionellen Christentums oder eines überholten Vitalismus gegen Darwin und den Darwinismus auszuspielen. Sie bilden das Resultat der ehrlichen Selbstbeobachtung seiner eigenen Entwicklung. Der gewaltige Fortschritt, der mit der Auffindung des Evolutionsgedankens als Prinzip des Werdens der Organismen vollzogen wurde, hat alle bisher gültigen Welt- und Menschenbilder in Frage gestellt. Ein Zurückgehen in die Zeit vor Darwin ist für Menschen mit redlichem Erkenntniswillen unmöglich. Die Wahrheit des Entwicklungsgedankens kann nicht mehr bezweifelt werden, und jede Weltanschauung, die diese Tatsache nicht einbezieht, wird sich in Zukunft als unzureichend erweisen.

Darwin wußte, daß er den hohen Gewinn, den seine Lebensanschauung ihm brachte, mit dem Verlust religiöser und musischer Elemente hat bezahlen müssen. Er erkannte sich selbst als «farbenblind» geworden – und bekannte sich zu dieser Farbenblindheit. Mit Recht verzichtete er auf Einsichten, die einer atavistischen, das heißt einer überholten Bewußtseinsstufe entstammten. Die einzigartige Wirkung seines Werkes verdankte er seiner genialen Beobachtungsgabe und seinen zwar einseitigen, aber überzeugungskräftigen Gedanken. Allein so vermochte – entsprechend der von ihm selbst beobachteten rationalistischen Grundtendenz der zweiten Hälfte des 19. Jahrhunderts – seine Auffassung vom Artenwandel sich durchzusetzen und das Gesamtdenken der Menschheit zu befruchten. Heute dürfte klar sein, wo die Lücke in seinem System liegt. Das Erklärungsprinzip durch Zuchtwahl, durch die Selektion im «Kampf ums Dasein» benennt zwar e i n e n wirksamen Faktor, reicht aber nicht aus, den Trend des Werdens der Organismen einschließlich des Menschen «erklären» zu können. Man muß schon «farbenblind» sein, wenn man das Prinzip der Zuchtwahl für ausreichend zum Verständnis der Entwicklungsgeschichte der Organismen und der Entstehung ihrer divergenten Baupläne und Typen hält. Die kausal-mechanistische Fragestellung, die sich auch die heutigen Darwinisten zu eigen

Erinnerungsmedaillon. Westminster Abbey

gemacht haben, ist unbestritten für die Naturwissenschaft außerordentlich fruchtbar geworden. Aber so wenig wie ein Hausbau, der selbstverständlich nur nach kausal-mechanisch wirksamen physikalischen Gesetzen erfolgt, ohne Einsicht in die geistigen Absichten des Architekten und Bauherren verständlich ist, so wenig wird der äußere und innere «Bauplan» einer Rose, eines Rehs oder eines Menschen allein aus den materiellen Gegebenheiten ihrer Existenz ohne spirituelle Erkenntnis des dem Organismus zugrunde liegenden Typus – im Sinne Goethes und Steiners – verstanden und erfaßbar werden. Die Hilfswissenschaften der Biologie, Physik und Chemie, heute als Biochemie und Molekularbiologie gepflegt, haben wertvollste Dienste zum Verständnis der stofflichen Grundlagen der Organismen geleistet und werden sie aller Voraussicht nach auch weiter leisten. Aber selbst die «Synthese» dieser nach gleicher kausal-analytischen Methode arbeitenden Wissenschaften mit der Genetik vermag die speziellen Probleme der Morphologie, Systematik (Taxionomie) und Phylogenetik nicht zu lösen.

Es entsprach einer Entwicklungsnotwendigkeit des menschlichen Bewußtseins, die alten Begriffe von Vitalismus, Teleologie (Zielstrebigkeit) und Schöpfung über Bord zu werfen. Das führte zu der von Darwin selbst empfundenen und heute weitverbreiteten naturwissenschaftlichen Problemblindheit gegenüber den in der Welt wirksamen Geisteselementen. Die Beschränkung auf die rein quantitativ arbeitende Methode verhalf zu einer um so besseren Erkenntnis der physikalisch-chemischen Prozesse in allen Organismen. Heute aber ist es an der Zeit, diese Einseitigkeit zu durchschauen und den Weg in der Richtung einer nicht weniger exakten und realistischen, neuen Pflanzen- und Tierwesenskunde im Sinne Goethes sowie einer die menschliche Bewußtseinsentwicklung voll berücksichtigenden Anthropologie einzuschlagen.

Durch einen solchen geistigen Fortschritt der wissenschaftlichen Biologie wird Ruf und Ruhm Darwins nicht verdunkelt. Gerade dann hätte man allen Grund, seiner als großem Wegbereiter zu gedenken. Er ist und bleibt der Inaugurator der gegenwärtigen und der zukünftigen Biologie.

Ch. Darwin

ANMERKUNGEN

1] Zu dem in der Einleitung berührten Problemkreis schrieb der Verfasser in «rowohlts monographien»:
Rudolf Steiner (Band 79; 1963)
Ernst Haeckel (Band 99; 1964)
Teilhard de Chardin (Band 116; 1966).
Steiner, Haeckel und Teilhard setzen für ihre eigene Ideenbildung zeitlich wie geistig das Lebenswerk von Charles Darwin voraus. Sehr verschieden sind die Konsequenzen, zu denen jeder für sich kommt. Rudolf Steiner entwickelte auf Grund des anerkannten Evolutionsgedankens die Anthroposophie, Ernst Haeckel den naturphilosophischen Monismus, Teilhard eine christliche Kosmologie. Und trotzdem zielen alle drei in einer Beziehung in die gleiche Richtung: Versöhnung von Erkenntnis und Glauben im neuzeitlichen Geistesleben. Alle drei sind nicht unerheblich über das Lebenswerk Charles Darwins hinausgegangen. Ein Beweis mehr, daß die in der Einleitung dieser Monographie gekennzeichnete Fragestellung heute dringlich ist. Stets handelt es sich um das Kardinalproblem der geistigen Situation in der Gegenwart: um das Verhältnis von Glauben und Wissen, von religiöser Offenbarung und naturwissenschaftlicher Erkenntnis. Pseudolösungen werden vielfach angeboten, die allenfalls einen vorübergehenden «Waffenstillstand» bewirken können. Ein echter Friede, das heißt eine substantielle Versöhnung der geistigen Fronten scheint in weiter Ferne zu liegen. Die vier Monographien als Ganzes möchten einen Beitrag dazu geben, das angedeutete Kardinalproblem als solches klarer zu erkennen.

2] In dem verdienstvollen Werk «Hundert Jahre Evolutionsforschung» (1960), herausgegeben von Gerhard Heberer und Franz Schwanitz, liegt eine wissenschaftliche Würdigung des «Vermächtnisses Charles Darwins» vor. Es vermittelt eine ausgezeichnete Orientierung über den heutigen Stand des Darwinismus und das Selbstverständnis der Darwinisten. Mitarbeiter an diesem Werk sind außer den Herausgebern: Julian S. Huxley, Otto Koehler, Theodosius Dobzhansky, Wilhelm Ludwig †, Franz Brabec, Berthold Klatt †, Erik Haustein, Robert Mertens, Gustav de Lattin, Hermann Schmidt, Karl Andrée †, Walter Zimmermann, Irinäus Eibl-Eiberfeld, Fritz Lenz. Für ein gründliches Studium des gegenwärtigen Standes der Abstammungslehre sei auf das zweibändige Werk von Gerhard Heberer verwiesen: «Die Evolution der Organismen», 2. Auflage 1959, an dem zwanzig deutsche Vertreter der an der Ausarbeitung der Evolutionslehre beteiligten Fachgebiete einschließlich der Genetik und Verhaltensforschung mitgewirkt haben.

3] Es fehlt nicht an guten Biographien über Charles Darwin. Wir nennen nur:
Samuel Lublinski (1904)
Walter von Wyss (1958)
Gerhard Wichler (1963)
Julian Huxley und H. B. D. Kettlewell (in englischer Sprache; 1965).
Sie alle gründen auf dem von Darwins Sohn Francis herausgegebenen dreibändigen Werk «Leben und Briefe von Charles Darwin mit einem seine Autobiographie enthaltenen Kapitel», aus dem Englischen übersetzt von J. Victor Carus, Stuttgart 1899.

Die Autobiographie wurde damals an einigen Stellen, aus Rücksichtnahme auf noch lebende Zeitgenossen und auf seinen Vater, von Francis Darwin gekürzt. Erst eine Enkelin Darwins, Nora Barlow, hat 1958 die Autobiographie in ihrer ursprünglichen Fassung veröffentlicht. In deutscher Sprache erschien die Übersetzung in Ostdeutschland, herausgegeben von S. L. Sobol, 1959. Die genannten Werke wurden auch der vorliegenden Monographie zugrunde gelegt.

4] 1962 hat der Steingrüben Verlag in Stuttgart die *Reise eines Naturforschers um die Welt* von Charles Darwin in der Bibliothek klassischer Reiseberichte neu aufgelegt. Herausgegeben von Dr. Georg A. Narciss, bearbeitet nach der Ausgabe von 1875, in der Übersetzung von J. Victor Carus. Zitate in dem Kapitel «Die Weltreise» – soweit sie nicht der «Autobiographie» entstammen – sind diesem Werk entnommen.

5] Leser, die sich für die wissenschaftliche Vorgeschichte des Darwinismus interessieren, seien ausdrücklich auf das Werk von Gerhard Wichler: «Charles Darwin. Der Forscher und der Mensch» verwiesen, das im Ernst Reinhardt Verlag, München–Basel, 1963 erschienen ist.

6] 1959 brachte Gerhard Heberer – gleichsam als Jubiläumsgabe – «Dokumente der Abstammungslehre vor 100 Jahren» neu heraus. Diese Dokumente sind zuletzt 1870 von Adolf Bernhard Meyer in deutscher Sprache veröffentlicht worden. Sie geben ein gutes Bild über das Verhältnis zwischen Darwin und Wallace. Außerdem sei auf das Buch von A. R. Wallace «Der Darwinismus» verwiesen (s. Literatur-Verzeichnis).

7] Die Zitate aus *Über die Entstehung der Arten* sind sowohl dem Band der Ausgabe der gesammelten Werke Ch. Darwins, übersetzt von J. Victor Carus, zweiter Band, wie der Übersetzung von Paul Seliger (Meyers Volksbücher, Leipzig–Wien, Bibliographisches Institut) entnommen.

8] Begründete Einwände gegen die Erklärungsversuche des Evolutionsgeschehens durch Darwin sind im Verlauf der 100 Jahre vielfach unternommen worden. Übereinstimmend wird geltend gemacht, daß die Entwicklung von Einzellern bis zu den höchst entwickelten Pflanzen, Tieren und schließlich bis zum Menschen niemals mit «äußeren Prinzipien» wie dem «Kampf ums Dasein» und regellosen, das heißt zufälligen Mutationen einleuchtend erklärt ist. Schon Albert Wigand, seinerzeit Ordinarius für Botanik in Marburg, hatte erkannt, daß die theoretischen Folgerungen von Biologen abhängig von der spezifischen Methode ihrer Forschung sind. Ein «Materialist» muß zu anderen Resultaten gelangen als ein «Goetheanist». Darum nannte Wigand sein großes dreibändiges Werk: «Der Darwinismus und die Naturforschung Newtons und Cuviers. Beiträge zur Methodik der Naturforschung und zur Speciesfrage» (1874) und gab dem Ganzen auf der Titelseite ein Shakespeare-Zitat als Motto:

«Da seht, was aus dem Verstande werden kann,
wenn er auf verbotenen Wegen schleicht.»
«Die lustigen Weiber von Windsor»

Wigands Werk ist heute vergessen, vieles hat sich seitdem erledigt, ist überholt – doch sein Hauptproblem, die Frage nach der den Lebewesen entsprechenden, von der chemisch-physikalischen sich unterscheidenden Forschungsmethode der Biologie, verlangt heute vordringlicher denn je eine Antwort. Auch das wissenschaftliche Bewußtsein unterliegt selbst dem Evolutionsprizip. Neue Ergebnisse korrigieren die alten. Neue Methoden treten an die Stelle von lange Zeit geübten. Es ist an der Zeit, auch in der Biologie, vor allem in der Morphologie und Systematik neue Wege zu beschreiten. Dies kann der Evolutionslehre nur zum Vorteil gereichen.

9] In rowohlts monographien Bd. 99: Ernst Haeckel, findet sich eine ausführliche Darstellung von Haeckels Eintreten für Darwins Lehre und deren Bekämpfung durch Gegnerschaft in Deutschland.

ZEITTAFEL

1731	Geburt von Erasmus Darwin, Großvater von Charles Darwin
1765	Geburt von Susannah Wedgwood, der Mutter von Charles Darwin
1766	Geburt von Robert Waring Darwin, des Vaters von Charles Darwin
1796	Heirat der Eltern Charles Darwins
1808	2. Mai: Geburt von Emma Wedgwood, später Emma Darwin
1809	12. Februar: Geburt von Charles Darwin in Shrewsbury
1817	Tod der Mutter (15. Juli) – Charles kommt in die Unitarier-Schule von Mr. Case
1818–1825	Besuch der Boarding School von Dr. Butler in Shrewsbury
1825–1827	Medizin-Studium an der Universität Edinburgh – Erste wissenschaftliche Arbeiten – Darwin hört Sir Walter Scott
1827	Ende Mai Reise mit Onkel Josiah nach Paris
1828–1831	Theologie-Studium in Cambridge – Darwin findet als Freunde Whitley, Herbert und seinen Vetter W. Darwin Fox – Sein Lehrer und väterlicher Freund wird der Theologe und Professor für Botanik, Johns Stevens Henslow – Exkursion mit dem Professor für Geologie Sedgwick nach Nord-Wales
1831–1836	Weltreise – 27. Dezember 1831 Abfahrt von Davenport (Plymouth) mit H. M. S. «Beagle» unter Kapitän Fitz Roy
1832	16. Januar–8. Februar: Kapverdische Inseln, St. Jago
	16. Februar: Insel St. Paul
	19. Februar: Fernando Noronha
	Brasilien:
	28. Februar: Bahia
	4. April–5. Juli: Rio de Janeiro
	26. Juli: Montevideo
	6. September: Bahia Blanca
	25. Oktober: Montevideo
	2. November: Buenos Aires
	14. November: Montevideo
	17. Dezember: Feuerland (Tierra del Fuego)
1833	1. März–4. April: Falklandinseln
	28. April: Maldonado
	5. August: El Patagones am Rio Negro
	18. August: Bahia Blanca
	20. September: Buenos Aires
	2. Oktober: Santa Fé
	3. November: Montevideo
	23. Dezember: Port Desire
1834	9. Januar: Port St. Julian
	21. Januar: Magellan-Straße
	1. Februar: Fort Famine
	10. März: Falkland-Inseln
	13. April: Patagonien

	8. Juni: Cape Turn

| | 8. Juni: Cape Turn
| | 28. Juni: Insel Chiloé
| | 23. Juli: Valparaiso (Chile)
| | 28. August: Santiago
| | 21. November: San Carlos (Chiloé)
| | 13. Dezember: Chonos-Archipel
| 1835 | 18. Januar: San Carlos (Chiloé)
| | 8. Februar: Valdivia
| | 4. März: Concepción
| | 11.–27. März: Von Valparaiso nach Santiago über die Kordilleren
| | 27. März: Mendoza
| | April: Santiago und Valparaiso
| | 15. Mai: Coquimbo
| | 12. Juni: Copiapó
| | 12. Juli: Iquique, Peru
| | 19. Juli: Lima
| | 15. September: Galapagos-Inseln
| | 15. November: Tahiti
| | 21. Dezember: Neuseeland
| 1836 | 12. Januar: Sydney, Australien
| | 5. Februar: King George's Sound
| | 1. April: Keeling Island
| | 29. April: Mauritius
| | 1. Juni: Kapstadt
| | 14. Juli: Ascensión
| | 1. August: Bahia
| | 12. August: Pernambuco
| | 2. Oktober: Landung in Falmouth (England)
| 1836 | Dezember: Cambridge, Ordnung der geologischen Sammlung
| 1837 | 6. März: Übersiedlung nach London, Wohnung: Great Marlborough Street 36 – Arbeit am Reisetagebuch – Begegnungen mit Sir John Herschel, Alexander von Humboldt, Lyell, Carlyle. Erste Notizen für *Entstehung der Arten*
| 1838 | Verlobung in Maer – Haus in der Gower Street erworben – Darwin übernimmt das Amt eines Sekretärs der Geologischen Gesellschaft Englands – Oktober Lektüre von Thomas Robert Malthus «Eine Abhandlung über das Bevölkerungsgesetz»
| 1839 | 29. Januar: Darwin heiratet Emma Wedgwood – *Reise eines Naturforschers um die Welt* erscheint

Die Kinder:

1839	William Erasmus	† 1914
1841	Anna	† 1851
1842	Mary Eleanor	† 1842
1843	Henrietta	† 1929
1845	George	† 1912
1847	Elisabeth	† 1925
1848	Francis	† 1925

	1850 Leonard † 1943
	1851 Horace † 1928
	1856 Robert Waring † 1858

1840–1841 Häufige Erkrankungen Darwins

1841 Kauf des Hauses Down und Umzug dorthin am 14. September

1842 Manuskript *Über den Bau und die Verbreitung der Korallen-Riffe* fertiggestellt – Arbeit über die *Vulkanischen Inseln* begonnen – Erste Bleistiftskizze seiner Theorie

1843 Am 12. Juli stirbt Josiah Wedgwood – Erste Begegnung mit Joseph Hooker

1844 Ausarbeitung der Bleistiftskizze seiner Theorie zu einer ersten Darstellung – *Geologische Beobachtungen über die Vulkanischen Inseln mit kurzen Bemerkungen über die Geologie von Australien und dem Kap der Guten Hoffnung* erscheint

1846 *Geologische Beobachtungen über Südamerika* erscheint

1848 Am 13. November stirbt Darwins Vater

1848–1849 Schwere Erkrankung Darwins, *Kopfkreisen, Schwäche, Frösteln und häufige schwere Anfälle von Übelkeit* (lt. Tagebuch) – Darwin als Patient in Malvern (Wasserkurort)

1850–1854 Arbeit an *Monographie der Rankenfüßler*

1854 Darwin gewinnt die Freundschaft von Thomas Henry Huxley

1855 Wallace veröffentlicht den Aufsatz «Über das Gesetz, das das Entstehen neuer Arten reguliert hat» in «Annals of Natural History» – Darwin schreibt einen ersten Brief an Asa Gray nach Amerika

1856 Beginn der Arbeit an *Entstehung der Arten*

1858 Darwin empfängt den entscheidenden Brief und das Manuskript von Wallace, gemeinsame Veröffentlichung von 1. Darwin: *Auszug aus einem unveröffentlichten Werk über den Artbegriff* und von 2. Wallace: «Über die Tendenz der Varietäten, unbegrenzt von dem Original-Typus abzuweichen»

1859 Am 24. November erscheint die erste Ausgabe von *Entstehung der Arten durch natürliche Zuchtwahl*. Alle Exemplare (1250 Stück) werden am ersten Tag verkauft

1862 *Die verschiedenen Einrichtungen, durch welche Orchideen von Insekten befruchtet werden* erscheint

1864 Darwin empfängt als hohe Auszeichnung der Royal Society die Copley-Medaille

1866 Am 2. Februar stirbt Darwins Schwester Catherine – Am 3. Oktober stirbt seine Schwester Susan

1867 *Die Bewegungen und Lebensweise der kletternden Pflanzen* erscheint

1868 *Das Variieren der Tiere und Pflanzen im Zustande der Domestikation* erscheint

1871 *Die Abstammung des Menschen und die geschlechtliche Zuchtwahl* erscheint

1872 *Der Ausdruck der Gemütsbewegungen bei Menschen und Tieren* erscheint

1875	*Die insektenfressenden Pflanzen* erscheint
1876	*Die Wirkungen der Kreuz- und Selbst-Befruchtung im Pflanzenreich* erscheint – Beginn der Arbeit an der Autobiographie
1877	Darwin wird zum Dr. h. c. der juristischen Fakultät ernannt – *Die verschiedenen Blütenformen der nämlichen Art* erscheint
1879	*Das Leben des Erasmus Darwin* erscheint
1880	*Das Bewegungsvermögen der Pflanzen* erscheint
1881	Erasmus, Darwins Bruder, stirbt – *Die Bildung der Ackererde durch die Tätigkeit der Regenwürmer mit Beobachtungen über deren Lebensweise* erscheint
1882	Am 19. April stirbt Darwin in Down – 26. April feierliche Beisetzung in Westminster Abbey

ZEUGNISSE

August Weismann

... weil ich der Überzeugung bin, daß in der Tat seit dem Durchdringen der Kopernikanischen Theorie kein ebenbürtiger Fortschritt in der menschlichen Erkenntnis getan wurde, als erst jetzt in der Darwinschen Theorie.

Wie damals plötzlich neue Gebiete sich der Forschung öffneten, von denen bis dahin niemand eine Ahnung gehabt hatte, so zeigt sich auch jetzt wie nach dem Erklimmen eines Gebirgskammes ein weites neues Land, zu dessen Erforschung Tausende und Tausende von Menschenkräften nicht ausreichen werden. Wir stehen nicht am Ende, sondern am Anfang der Wissenschaft vom organischen Leben, das zeigt am deutlichsten die Darwinsche Lehre: denn sie, wie alle großen Entdeckungen, wirkt weit in die Zukunft; sie gibt uns neue Einsicht, aber vor allem eröffnet sie uns neue Aussichten.

Aus: «Über die Berechtigung der Darwinschen Theorie». 1868

Imanuel Hermann Fichte

Bei Darwin herrscht ein Mißverhältnis der Grundhypothese zu dem, was er erklären will; er bedarf einer Menge verschwiegener Hilfshypothesen und unbeachteter Nebendinge, um das Tatsächliche wirklich erklären zu können... Darwin leugnet den Begriff der inneren Zweckmäßigkeit und meint, ihn durch die Annahme einer «natürlichen Zuchtwahl» ersetzen zu können, stillschweigend aber jenen voraussetzend, um die Erfolge der angeblichen Zuchtwahl selbst erklärlich zu machen.

Aus: «Die Seelenfortdauer und die Weltstellung des Menschen.»
1867

Eine gründliche Erwägung hätte Darwin belehren können, daß alles wahrhaft Förderliche und nur darum auch Bestehende lediglich von innen her, aus der immanenten Anlage der Weltwesen stammen könne.

Aus: «Die theistische Weltansicht und ihre Berechtigung». 1873

Eduard von Hartmann

Die natürliche Zuchtwahl, selbst wenn sie rein mechanisches Prinzip in Darwins Sinne wäre, könnte doch höchstens die physiologische Anpassungsvollkommenheit eines einmal gegebenen Organisationstypus, niemals die Steigerung der Organisationshöhe erklären; aber gerade die letztere ist es erst, welche man unter der aufsteigenden Entwickelung der Organisation versteht. Letztere liegt daher entschieden außerhalb des Bereichs mechanischer Erklärungsprinzipien durch äußerliche Anpassung und dergleichen, und kann die innere teleologische Auffassung der Entwickelung niemals durch solche mechanische Entwickelungsbehelfe verdrängt oder auch nur beeinträchtigt werden.

Aus: «Wahrheit und Irrtum im Darwinismus». 1875

Karl Ernst von Baer

Sowenig ich auch... die Transformation abzuleugnen vermag, so stehe ich doch nicht an, der Art, wie Darwin sich dieselbe denkt, entschieden zu widersprechen... Ich kann, um es kurz auszudrücken, die Transformation nicht bestreiten. Aber ich kann mich nicht zu der Selektionstheorie, durch welche Darwin die Umformung erklären will, bekennen, so sehr ich auch den Scharfsinn und die Ausdauer gelten lasse, mit welchen Darwin alle Spezialitäten seiner Ansicht besprochen hat. Dieser Scharfsinn ist vorzüglich aufgeboten, um nachzuweisen, daß alles zweckmäßig Erscheinende nur entstanden ist durch die Erhaltung des besser Geratenen, nicht dadurch, daß eine innere Notwendigkeit uns als ein Gedanke oder ein Wille der Natur erscheinen könnte, der es bewirkt hat.

Aus: «Reden II». 1876

Friedrich Nietzsche

Daß unsere modernen Naturwissenschaften sich dermaßen mit dem spinozistischen Dogma (vom sogenannten Selbsterhaltungstrieb) verwickelt haben (zuletzt noch und am gröbsten im Darwinismus mit seiner unbegreiflich einseitigen Lehre vom Kampf ums Dasein –), das liegt wahrscheinlich an der Herkunft der meisten Naturforscher: sie gehören in dieser Hinsicht zum «Volk». Ihre Vorfahren waren arme und geringe Leute, welche die Schwierigkeit, sich durchzubringen, allzusehr aus der Nähe kannten. Um den ganzen englischen

Darwinismus herum haucht etwas wie englische Übervölkerungsstickluft, wie Kleiner-Leute-Geruch von Not und Enge. Aber man sollte, als Naturforscher, aus seinem menschlichen Winkel herauskommen: und in der Natur herrscht nicht die Notlage, sondern der Überfluß, die Verschwendung sogar bis ins Unsinnige.

Aus: Nachlaß zur «Umwertung». 1882–88

LUDWIG RÜTIMEYER

Es ist die Frage, ob das Licht, das Darwin uns in die Hand gab, auch vermag, uns in das Werden selbst hinein – und hiemit doch wohl zugleich über die Grenzen des Physischen, in welchem er sich erging, in das viel dunklere Gebiet des Metaphysischen hinauszuleuchten. Ich meinerseits muß dies bezweifeln. Wo die Hilfe des körperlichen Auges, welches Darwin von so vielen Schranken befreite, uns verläßt, kann, wie mir scheint, weiterhin nur der eigene Rückblick, die persönliche Besinnung leiten.

Um 1890. Aus: «Die Frühzeit des Darwinismus im Werk
Ludwig Rütimeyers» von Adolf Portmann

ALFRED RUSSEL WALLACE

So finden wir denn, daß der Darwinismus, selbst wenn er bis zu seinen letzten logischen Folgerungen fortgeführt wird, dem Glauben an eine spirituelle Seite der Natur des Menschen nicht nur nicht widerstreitet, sondern ihm vielmehr eine entschiedene Stütze bietet. Er zeigt uns, wie der menschliche Körper sich aus niederen Formen nach dem Gesetz der natürlichen Zuchtwahl entwickelt haben kann; aber er lehrt uns auch, daß wir intellektuelle und moralische Anlagen besitzen, welche auf solchem Wege sich nicht hätten entwickeln können, sondern einen anderen Ursprung gehabt haben müssen – und für diesen Ursprung können wir eine ausreichende Ursache nur in der unsichtbaren geistigen Welt finden.

Aus: «Der Darwinismus». 1891

RUDOLF STEINER

Wir lieben Darwin mehr als Aristoteles, Lyell mehr als Plato, weil Darwin und Lyell unsere gutbekannten Väter, Plato und Aristoteles Ahnenbilder sind, die wir in unserem Geistesschlosse aufgehängt haben. Wenn wir in Lyell und Darwin lesen, ist es, wie wenn jemand uns eine warme Hand gibt; wenn wir Plato und Aristoteles studieren, so, wie wenn wir in einem Ahnensaal spazierengingen. Mit Darwin und Lyell leben wir, über Plato und Aristoteles lernen wir ... Wir geben Darwin und Lyell nicht immer recht, wir widersprechen ihnen in vielen Dingen, aber wir fühlen, daß sie auch dann in unserer Sprache reden, wenn wir ihnen widersprechen. Wir rechnen manche zu den unsrigen, die Darwin und Lyell in der schärfsten Weise bekämpfen, aber wir wissen, daß auch unser Widerspruch, wenn er fruchtbar ist, dies nur durch jene beiden Geister hat werden können. Große Geister bringen auch ihre Gegner hervor, und mit den Gegnern zusammen bringen sie die Menschheit vorwärts. Auch wenn die zukünftige Menschheit zu wesentlich anderen Vorstellungen kommen sollte, als Darwin und Lyell sie hatten, so werden diese Söhne der Zukunft doch in den beiden Männern ihre Väter zu verehren haben.

1897. Aus: «Magazin für Literatur»

Ernst Haeckel

Am schärfsten spricht sich Kant gegen die mechanische Erklärung der organischen Natur in folgender Stelle aus (§ 74): «Es ist ganz gewiß, daß wir die organisierten Wesen und deren innere Möglichkeit nach bloß mechanischen Prinzipien der Natur nicht einmal zureichend kennen lernen, viel weniger uns erklären können, und zwar so gewiß, daß man dreist sagen kann: Es ist für Menschen ungereimt, auch nur einen solchen Anschlag zu fassen oder zu hoffen, daß noch etwa dereinst ein Newton aufstehen könne, der auch nur die Erzeugung eines Grashalms nach Naturgesetzen, die keine Absicht geordnet hat, begreiflich machen werde, sondern man muß diese Einsicht dem Menschen schlechterdings absprechen.» Nun ist aber dieser unmögliche Newton siebenzig Jahre später in Darwin wirklich erschienen, und seine Selektionstheorie hat die Aufgabe tatsächlich gelöst, die Kant für absolut unlösbar hielt.

Aus: «Natürliche Schöpfungs-Geschichte».
1911

Oscar Hertwig

Die Auslegung der Lehre Darwins, die mit ihren Unbestimmtheiten so vieldeutig ist, gestattet auch eine sehr vielseitige Verwendung auf anderen Gebieten des wirtschaftlichen, des sozialen und des politischen Lebens. Aus ihr konnte jeder, wie aus einem delphischen Orakelspruch, je nachdem es ihm erwünscht war, seine Nutzanwendungen auf soziale, politische, hygienische, medizinische und andere Fragen ziehen und sich zur Bekräftigung seiner Behauptungen auf die Wissenschaft der darwinistisch umgeprägten Biologie mit ihren unabänderlichen Naturgesetzen berufen. Wenn nun aber diese vermeintlichen Gesetze keine solchen sind, sollten da bei ihrer vielseitigen Nutzanwendung auf andere Gebiete nicht auch soziale Gefahren entstehen können? Man glaube doch nicht, daß die menschliche Gesellschaft ein halbes jahrhundertlang Redewendungen, wie unerbittlicher Kampf ums Dasein, Auslese des Passenden, des Nützlichen, des Zweckmäßigen, Vervollkommnung durch Zuchtwahl etc. in ihrer Übertragung auf die verschiedensten Gebiete, wie tägliches Brot, gebrauchen kann, ohne in der ganzen Richtung ihrer Ideenbildung tiefer und nachhaltiger beeinflußt zu werden! Der Nachweis für diese Behauptung würde sich nicht schwer aus vielen Erscheinungen der Neuzeit gewinnen lassen. Eben darum greift die Entscheidung über Wahrheit und Irrtum des Darwinismus auch weit über den Rahmen der biologischen Wissenschaften hinaus.

Aus: «Das Werden der Organismen». 1918

OTTO H. SCHINDEWOLF

Insgesamt gelangen wir zu dem Urteil, daß die stammesgeschichtlichen Vorstellungen Darwins bzw. des dogmatischen Darwinismus das Pferd beim Schwanz aufgezäumt haben. Das Wesen der Stammesentwicklung besteht nicht in der Rassen- und Artbildung, nicht in Differenzierungen und Anpassungen, sondern **entscheidend für das Fortschreiten der Entwicklung und die Aufrechterhaltung des Lebens ist die Herausgestaltung von Bauplänen höherer Ordnung, neuer Typen, die immer wieder die entstandenen einseitigen Anpassungen zurückschrauben und den Stamm vor dem allgemeinen Vergreisungstode bewahren**. Wo derartige Auffrischungen des Stammes nicht stattgefunden haben, sind entweder die betreffenden Gruppen vollkommen erloschen, oder es haben sich lediglich einige wenige relativ unspezialisierte Vertreter bis in die Jetztzeit hinübergerettet, während alle die übrigen einseitig angepaßten und damit starr gewordenen Reihen ausgestorben sind.

Gerade die Merkmale, für die in erster Linie das Nützlichkeits-

prinzip Darwins gilt, sind daher für die Stammesentwicklung entweder bedeutungslos oder gar nachteilig.
Aus: «Grundfragen der Paläontologie». 1950

GERHARD HEBERER

Aber nur scheinbar lag der Darwinismus auf dem «Sterbelager». Die ersten Jahrzehnte des 20. Jahrhunderts zeigten immer mehr, daß Darwin doch recht behalten hatte.
Aus: «Schöpfungsglaube und Evolutionstheorie». 1955

BERTHOLD KLATT

Darwin war ein Tatsachenmensch – ein echter Angelsachse. Spekulation – den Deutschen oft und wohl zu Recht nachgesagt – lag ihm nicht... Er war ein bescheidener Mensch – wie es der wahre Wissenschaftler sein soll. Kritik an den Ansichten anderer, ebenso aber an seinen eigenen Überlegungen, war ein hervorstechender Charakterzug seines Denkens. Er war ein tiefinnerlicher Mensch – überall staunt er über die «Wunder» der Vererbung, der Regeneration, kurz der harmonischen Ordnung, die überall anzutreffen ist... Wer Darwins Werke liest und sieht, mit welcher Aufgeschlossenheit, nicht selten moderne Vorstellungen gleichsam vorausahnend, er die Dinge betrachtete, der wird mit mir der Ansicht sein, daß er, heute, in Kenntnis der so außerordentlichen Fortschritte der biologischen Wissenschaft seit seinem Tode, manches anders beurteilen würde.
Aus: «Hundert Jahre Evolutionsforschung». 1960

ERIK HAUSTEIN

Eines aber wird für alle Zeiten in seiner Bedeutung bestehen bleiben, das ist die gewaltige Wirkung, die von Darwin auf die Botanik ausgegangen ist. Die Blütenbiologie hat er zu neuem Leben erweckt, der Pflanzengeographie neue Wege gewiesen und die Physiologie durch hervorragende Entdeckungen bereichert; überall hat er die Grundlagen geschaffen, auf denen die weitere Forschung so erfolgreich weiterschreiten konnte. Mit der Entwicklung der Botanik in der zweiten Hälfte des vorigen Jahrhunderts wird Darwins Name untrennbar verbunden bleiben.
Aus: «Hundert Jahre Evolutionsforschung». 1960

OTTO KOEHLER

Diese Darwin-Wallacesche Lehre hat in den ersten hundert Jahren ihre Probe bestanden: am gemeinsamen Ursprung alles Lebens ist nicht mehr zu zweifeln. Auf allen Gebieten der Biologie hat sie uns neue Fragen gestellt, und jede Antwort bestätigt die Theorie, wenn auch in immer neuen, sich wandelnden Worten. Sie ist das Band, das alle Zweige der so vielseitigen Wissenschaft vom Leben verknüpft, der Schlußstein im Gewölbe, der auf allen in ihm zusammenlaufenden Gurten ruht und sie alle stützt.

Aus: «Hundert Jahre Evolutionsforschung». 1960

KONRAD LORENZ

In der Geschichte menschlichen Wissensfortschrittes hat sich noch nie die von einem einzigen Manne aufgestellte Lehre unter dem Kreuzfeuer von Tausenden unabhängiger und von den verschiedensten Richtungen her angestellter Proben so restlos als wahr erwiesen, wie die Abstammungslehre Charles Darwins. Mehr als je gilt von ihr heute, was Otto zur Straßen vor mehr als vierzig Jahren in seiner Einführung zum «Neuen Brehm» über sie schrieb: «Alles uns jetzt Bekannte fügt sich ihr zwanglos ein, nichts spricht gegen sie.»

Aus: «Darwin hat recht gesehen». 1965

OSKAR KUHN

Darwins Lehre, so einfach und genial sie auf den ersten Blick auch aussieht, ist falsch. Aber sie wurde damals mit einem Enthusiasmus sondersgleichen aufgenommen und bald erstarrte sie zu einer geschlossenen, dogmatischen Lehre, statt ein Feld offener Forschung zu bleiben. Die Theorie Darwins, der gar kein ausgesprochener Mechanist war, wurde zur Weltanschauung, zu einem Beweis für die materialistische Lehre. Dieser war die Zweckmäßigkeit stets ein Dorn im Auge und nun bot sich eine Möglichkeit, diese loszuwerden. Das darf man niemals übersehen, wenn man das zähe Festhalten weiter Kreise an dieser Lehre verstehen will.

Aus: «Die Abstammungslehre. Tatsachen und Deutungen». 1965

JULIAN HUXLEY

Das Fenster jedoch, das Darwin auf die Welt des Lebens öffnete, ermöglichte inzwischen neue und revolutionäre Ausblicke auf andere Gegenstände. Die Menschen begannen, die Evolution von Weltennebeln und Sternen, von Sprachen und Werkzeugen, von chemischen Elementen, von sozialen Organisationen zu untersuchen. Sie gingen am Ende dazu über, das ganze Universum sub specie evolutionis (in der Perspektive der Evolution) zu betrachten und aus dem Begriff der Entwicklung ein allumfassendes Konzept zu machen. Diese Verallgemeinerung von Darwins Grundidee – der Evolution auf natürlichem Wege – vermittelt uns eine neue Sicht vom Kosmos und von unserer menschlichen Bestimmung.
Aus: «Ich sehe den künftigen Menschen». 1965

ADOLF PORTMANN

Es war die Größe Darwins, daß er ein Werk der Erkenntnis von Grund auf getan hat; daß er ein halbes Jahrhundert lang ein Feld bestellt hat, auf dem neue Ansichten über die Natur, vor allem des Lebendigen aufgehen konnten. Nur eine extreme Abwendung von der in seiner Jugend wie in seiner späteren Umwelt herrschenden Auffassung machte den Durchbruch zu den neuen Vorstellungen möglich. Wohl wurde bei der Titanenarbeit des Abräumens auch vieles zerstört, was wertvolles bleibendes Gut der Naturdeutung hätte sein können, und vieles ist auf dem umgepflügten Felde aufgegangen, was das Entstehen von sehr fragwürdigen Gebilden des Geistes gefördert hat. Doch dürfen wir darüber nicht vergessen, was es für alles heutige Denken bedeutet, daß Darwin einen Grund für die neue Sicht des Lebendigen gelegt hat, der sich für die aufstrebende Naturforschung als fruchtbar erwiesen hat.
Aus: «Die Idee der Evolution als Schicksal von Charles Darwin».
1965

BIBLIOGRAPHIE

1. Verzeichnis der Werke Darwins
(in englischer Sprache), soweit sie in Buchform erschienen sind
(Nach Gerhard Wichler)

1839	A Naturalists Voyage
1842	The Structure Distribution of Coral Reefs
1844	Geological Observations on the Volcanic Islands
1846	Geological Observations on South America
1851–1854	A Monograph of the Cirripedes
1859	On the Origin of Species by means of Natural Selection
1862	On the Various Contrivances by which Orchids are fertilised by Insects
1867	The Movements and Habits of Climbing Plants
1868	The Variation of Animals and Plants under Domestrication. 2 Vols.
1871	The Descent of Man, and Selection in Relation to Sex. 2 Vols.
1872	The Expression of the Emotions in Man and Animals
1875	Insectivorous Plants
1876	The Effects of Cross and Self Fertilization in the Vegetable Kingdom
1877	The different Forms of Flowers of the same Species
1880	The Power of Movement in Plants
1881	The Formation of Vegetable Mould, through the Action of Worms, with Observation of their Habits

2. Verzeichnis aller Werke von Charles Darwin
(mit Ausnahme der in Zeitschriften oder als Sonderdrucke
erschienenen Aufsätze)

Narrative of the Surveying Voyages of Her Majesty's Ship «Adventure» and «Beagle» between the years 1826 and 1836, describing their examination of the Southern shores of South America, and the «Beagle's» circumnavigation of the globe. Vol. III Journal and Remarks, 1832–1836. By Charles Darwin. London, 1839. 8.

Übersetzung: Charles Darwins Naturwissenschaftliche Reisen nach den Inseln des grünen Vorgebirges, Südamerika, dem Feuerlande, den Falkland-Inseln, Chiloe-Inseln, Galapagos-Inseln, Otaheiti, Neuholland, Neuseeland, Van Diemen's Land, Keeling-Inseln, St. Helena, den Azoren etc. Deutsch mit Anmerkungen von Ernst Dieffenbach. In zwei Teilen. Braunschweig, 1844. 8. – Eine kurze Notiz aus dem Reisebericht: «Über die Luftschifferei der Spinnen» war in Froriep Neu. Notizen, II Bd. Nr. 222. 1839. S. 23–24 erschienen.

Journal of Researches into the Natural History and Geology of the countries visited during the Voyage of H. M. S. «Beagle» round the world,

Vom Geld ist die Rede, von wem noch?

Ich will Reiser werden . . .

... sagte der kleine Bub, wenn man ihn fragte, was er denn mal werden wolle. Und er wurde ein «Reiser», ein Weltreisender, der viele Länder der Erde besuchte.

1834 wurde er in Potsdam geboren. Der Vater war Jurist, ein «Preuße und Protestant vom Scheitel bis zur Sohle» – so beschrieb ihn Gustav Freytag in seinen «Bildern aus der deutschen Vergangenheit». Um einen Beruf zu lernen, der später eine Familie ernähren konnte, studierte der Junge Medizin, wider Willen, denn er wollte eigentlich Botaniker werden. Vom Pflanzensammeln im feuchten Gras hatte er sich schon früh das Rheuma im Kniegelenk geholt. Nach dem Studium wurde er für 150 Gulden Gehalt im Jahr «königlich-bayerischer Assistent an der pathologisch-anatomischen Anstalt zu Würzburg». Mit 24 Jahren machte er das Staatsexamen und wurde «Arzt, Chirurgus und für Kinder / auch Viehdoktor und Entbinder / Wurzelgräber, Moosesucher / feiner Mikroskopeluger», wie er sich selbst glossierte. Zehn Jahre später begann sein Weltruhm – nicht als Arzt. Er lebte nun in Jena in seiner «Villa Medusa», falls er nicht gerade in China, auf Teneriffa, in Norwegen oder irgendwo in den Tropen war.

1899 erschien ein Buch von ihm, das der absolute Bestseller der Jahrhundertwende wurde. Die Honorare stellte er der Verwirklichung seines Altersz021 zur Verfügung, der Errichtung eines «Phyletischen Museums» in Jena, für das 400 000 Mark durch Stiftungen aufgebracht wurden. Allerdings: Sein Ruf war umstritten. Fachkollegen bekämpften und beschimpften ihn als Fälscher, als den «größten Schwindler, den je die Sonne beschienen». Zeitungen machten sich lustig über den «Affenprofessor von Jena».

Als er 70 war, wurde er von Freidenkern unter den Ruinen der Kaiser-Paläste auf dem Palatino zu Rom zum Gegenpapst ausgerufen. Er nahm den Titel in naiver Freude an. Fünf Jahre später starb er in Jena. Von wem war die Rede?

(Alphabetische Lösung: 8–1–5–3–11–5–12)

Pfandbrief und Kommunalobligation

Meistgekaufte deutsche Wertpapiere - hoher Zinsertrag - bei allen Banken und Sparkassen

Verbriefte Sicherheit

under the command of Capt. Fitz-Roy, R. N. 2. edition, corrected with additions. London, 1845. 8. (Colonial and Home Library).

A Naturalist's Voyage. Journal of Researches etc. London, 1860. 8. (mit einer Nachschrift, datiert 1. Februar 1860).

Übersetzung: Reise eines Naturforschers um die Welt. Aus d. Engl. übers. von J. Victor Carus. Stuttgart, 1875. 8. (Ges. Werke. I. Bd.), u. Stuttgart 1962, herausg. v. Narciss, bearb. v. I. Bühler.

Zoology of the Voyage of H. M. S. «Beagle». Edited and superintended by Charles Darwin.

– Part. I. Fossil Mammalia, by Richard Owen. With a Geological Introduction, by Charles Darwin. London, 1840. 8.

– Part. II. Mammalia, by George R. Waterhouse. With a notice of their habits and ranges, by Charles Darwin. London, 1839. 4.

– Part. III. Birds, by John Gould. – Eine «Ankündigung» (2 S.) gibt an, daß in Folge davon, daß Mr. Gould von England nach Australien gegangen ist, viele Beschreibungen von Mr. G. R. Gray vom Britischen Museum geliefert worden sind. – London, 1841. 4.

– Part. IV. Fish, by Rev. Leonard Jenyns. London, 1842. 4.

– Part. V. Reptiles, by Thomas Bell. London, 1843. 4.

The Structure and Distribution of Coral Reefs. Being the First Part of the Geology of the Voyage of the «Beagle». London, 1842. 8.

The Structure and Distribution of Coral Reefs. 2. edition London, 1874. 8.

Übersetzung: Über den Bau und die Verbreitung der Korallen-Riffe. Nach der zweiten, durchgesehenen Ausgabe aus d. Engl. übersetzt von J. Victor Carus. Stuttgart, 1876. 8. (Ges. Werke, II. Bd. 1. Hälfte).

Geological Observations on the Volcanic Islands, visited during the Voyage of H. M. S. «Beagle». Being the Second Part of the Geology of the Voyage of the «Beagle». London, 1844. 8.

Geological Observations on South America. Being the Third Part of the Geology of the Voyage of the «Beagle». London, 1846. 8.

Geological Observations on the Volcanic Islands and parts of South America visited during the Voyage of H. M. S. «Beagle». 2. edit. London, 1876. 8.

Übersetzung: Geologische Beobachtungen über die vulkanischen Inseln, mit kurzen Bemerkungen über die Geologie von Australien und dem Kap der Guten Hoffnung. Nach der 2. Ausg. aus d. Engl. übers. von J. Victor Carus, Stuttgart, 1877. 8. (Ges. Werke, II. Bd. 2. Hälfte), und: Geologische Beobachtungen über Süd-Amerika angestellt während der Reise der «Beagle» in den Jahren 1833–1836. Aus d. Engl. übers. von J. Victor Carus. Stuttgart, 1878. 8. (Ges. Werke, 12. Bd. 2. Abt.).

A Monograph of the Fossil Lepadidae; or, Pedunculated Cirripedes of Great Britain. London, 1851. 4. (Palaeontographical Society).

A Monograph of the Sub-class Cirripedia, with Figures of all the Species. The Lepadidae; or, Pedunculated Cirripedes. London, 1851. 8. (Roy Society).

– The Balanide, or Sessile Cirripedes; the Verrucidae etc. London, 1854. 8. (Roy Society).

A Monograph of the Fossil Balanidae and Verrucidae of Great Britain. London, 1854. 4. (Palaeontographical Society).

On the Origin of Species by means of Natural Selection, or the Preservation of Favoured Races in the Struggle for Life. London, 1859. 8. (datiert 1. Okt. 1859, erschienen 24. Nov. 1859).
– Fifth Thousand (2. edit.) London, 1860. 8.
Übersetzung: Über die Entstehung der Arten im Tier- und Pflanzenreich durch natürliche Züchtung, oder Erhaltung der vervollkommneten Rassen im Kampfe ums Dasein. Nach d. 2. Aufl. mit einer geschichtlichen Vorrede und anderen Zusätzen des Verfassers für diese deutsche Ausg. aus d. Engl. übers. u. mit Anmerkungen versehen von Dr. H. G. Bronn. (In 3 Lfg.n) Stuttgart, 1860. 8.
– Third edition, with additions and corrections (Seventh thousand). London, 1861. 8. (datiert März 1861).
Übersetzung: Über die Entstehung der Arten etc. (wie vorher). Nach der dritten englischen Auflage und mit neueren Zusätzen des Verfassers für diese deutsche Ausgabe aus dem Englischen übersetzt und mit Anmerkungen versehen von Dr. H. G. Bronn. Zweite verbesserte und sehr vermehrte Auflage. Mit Darwins Portrait in Photographie. Stuttgart, 1863. 8.
On the Origin of Species etc. Fourth edition, with additions and corrections (Eighth thousand). London, 1866. 8. (datiert Juni 1866).
Übersetzung: Über die Entstehung der Arten durch natürliche Zuchtwahl oder die Erhaltung der begünstigten Rassen im Kampfe ums Dasein. Nach d. 4. engl. Ausg. von J. Victor Carus. 3. Aufl. Stuttgart, 1867. 8.
– Fifth edition, with additions and corrections (Tenth thousand). London, 1869. 8. (datiert Mai 1869).
Übersetzung: Über die Entstehung der Arten etc. (wie vorher). Nach d. 5. engl. Ausg. von J. Victor Carus. 4. Aufl. Stuttgart, 1876. 8.
– Sixth edition, with additions and corrections (Eleventh thousand). London, 1872. 8. (datiert Januar 1872).
Übersetzung: Über die Entstehung der Arten etc. Nach d. 6. engl. Ausg. von J. Victor Carus. 5. Aufl. Stuttgart, 1872. 8.
Über die Entstehung der Arten etc. Nach d. 6. engl. Ausg. wiederholt durchgesehen... von J. Victor Carus. 6. Aufl. Stuttgart, 1876. 8. (Ges. Werke, 2. Bd.).
– Sixth edition, with additions and corrections to 1872 (Twenty-fourth thousand). London, 1882. 8.
Übersetzung: Nach der letzten engl. Ausg. wiederholt durchgesehen von J. Victor Carus. 7. Aufl. Stuttgart, 1884. 8.
On the Various Contrivances by which Orchids are fertilised by Insects. London, 1862. 8.
Übersetzung: Über die Einrichtung zur Befruchtung britischer und ausländischer Orchideen. Übers. von H. G. Bronn. Mit einem Anhange des Übersetzers über Stanhopea devoniensis. Stuttgart, 1862. 8.
The Various Contrivances by which Orchids are fertilised by Insects. 2. edit. London, 1877. 8.
Übersetzung: Die verschiedenen Einrichtungen, durch welche Orchideen von Insekten befruchtet werden. Aus d. Engl. übers. von J. Victor Carus. 2. durchges. Aufl. Stuttgart, 1877. 8. (Ges. Werke, 9. Bd. 2. Abt.).
The Movements and Habits of Climbing Plants. Second Edition. London,

1875. 8. (Die erste erschien im 9. Bande des «Journal of the Linnean Society», Botany, 1867).

Übersetzung: Die Bewegungen und Lebensweise der kletternden Pflanzen. Aus d. Engl. übers. von J. Victor Carus. Stuttgart, 1876. 8. (Ges. Werke, 9. Bd. 1. Hälfte).

The Variation of Animals and Plants under Domestication. 2 Vols. London, 1868. 8.

Übersetzung: Das Variieren der Tiere und Pflanzen im Zustande der Domestikation. Aus d. Engl. übers. von J. Victor Carus. In 2 Bänden. 2. Bd.: Mit den Berichtigungen und Zusätzen des Verfassers zur 2. engl. Auflage. Stuttgart, 1868. 8. – Zweite, durchgesehene und berichtigte Ausgabe. Stuttgart, 1873. 8.

The Variation of Animals and Plants etc. Second edition, revised. (Fourth thousand). London, 1875. 8.

Übersetzung: Das Variieren etc. Dritte, nach der zweiten engl. berichtigte Ausgabe. Stuttgart, 1878. 8. (Ges. Werke, 3. und 4. Bd.).

The Descent of Man, and Selection in Relation to Sex. 2 Vols. London, 1871, 8.

Übersetzung: Die Abstammung des Menschen und die geschlechtliche Zuchtwahl. Aus d. Engl. übers. von J. Victor Carus. In 2 Bd.n. Stuttgart, 1871, 8. – Zweite, nach der letzten Ausg. d. Originals berichtigte Aufl. Stuttgart, 1871. 8.

– Second edition, revised and augmented. London, 1874. 8. (in einem Band).

Übersetzung: wie vorher. In 2 Bd.n. Dritte, gänzlich umgearbeitete Auflage. Stuttgart, 1875. 8. (Ges. Werke, 5. und 6. Bd.).

– wie vorher. Vierte, durchgesehene Auflage. Stuttgart, 1883. 8. (in einem Band).

The Expression of the Emotions in Man and Animals. London, 1872. 8.

Übersetzung: Der Ausdruck der Gemütsbewegungen bei den Menschen und den Tieren. Aus 1874. 8. – 3. Aufl. ebenda, 1877. 8. (Ges. Werke, 7. Bd.).

Insectivorous Plants. London, 1875. 8.

Übersetzung: Insektenfressende Pflanzen. Aus d. Engl. übers. von J. Victor Carus. Stuttgart, 1876. 8. (Ges. Werke, 8. Bd.).

The Effects of Cross and Self Fertilisation in the Vegetable Kingdom. London, 1876. 8.

Übersetzung: Die Wirkungen der Kreuz- und Selbstbefruchtung im Pflanzenreich. Aus d. Engl. übers. von J. Victor Carus. Stuttgart, 1877. 8. (Ges. Werke, 10. Bd.).

– Second edition. London, 1878. 8.

The different Forms of Flowers on Plants of the same Species. London, 1877. 8.

Übersetzung: Die verschiedenen Blütenformen an Pflanzen der nämlichen Art. Aus d. Engl. übers. von J. Victor Carus. Stuttgart, 1877. 8. (Ges. Werke, 9. Bd. 3. Abt.).

– Second edition. London, 1880. 8.

The Power of Movement in Plants. By Charles Darwin, assisted by Francis Darwin. London, 1880. 8.

Übersetzung: Das Bewegungsvermögen der Pflanzen. Aus dem Engl. von J. Victor Carus. Stuttgart, 1881. 8. (Ges. Werke, 13. Bd.).

The Formation of Vegetable Mould, through the Action of Worms, with Observations on their Habits. London, 1881. 8.

Übersetzung: Die Bildung der Ackererde durch die Tätigkeit der Würmer mit Beobachtungen über deren Lebensweise. Aus d. Engl. übers. von J. Victor Carus. Stuttgart, 1882. 8. (Ges. Werke, 14. Bd. 1. Abt.).

3. Bücher, die Beiträge von Ch. Darwin enthalten

A Manual of Scientific Enquiry; prepared for the Use of Her Majesty's Navy: and adapted for Travellers generally. Edit. by Sir John F. W. Herschel, Bart. London, 1849. 8. (Section VI. Geology. By Charles Darwin).

Memoir of the Rev. John Stevens Henslow. By the Rev. Leonard Jenyns. London, 1862. 8. (Im 2. Kapitel: Recollections by Ch. Darwin).

A Letter (1876) on the «Drift» near Southampton, in: Professor J. Geikies, «Prehistoric Europe».

Flowers and their unbidden guests. By A. Kerner. With a prefatory Letter by Charles Darwin. The Translation revised and edited by W. Ogle. London, 1878. 8.

Erasmus Darwin. By Ernst Krause. Translated by W. S. Dallas. With a preliminary Notice by Charles Darwin. London, 1879. 8. Deutsch: Erasmus Darwin und seine Stellung in der Geschichte der Deszendenz-Theorie. Von Ernst Krause. Mit seinem Lebens- und Charakterbilde von Charles Darwin. Leipzig, 1880. 8.

Studies in the Theory of Descent. By Aug. Weismann. Translated and edited by Raph. Meldola. With a prefatory Notice by Charles Darwin. London, 1880. 8.

The Fertilisation of Flowers. By Hermann Müller. Translated and edited by D'Arcy W. Thomson. With a preface by Charles Darwin. London, 1883. 8.

Mental Evolution in Animals. By G. J. Romanes. With a posthumous Essay on Instinct by Charles Darwin. London, 1883. 8. (Der Essay erschien zuerst im «Journal of the Linnean Society»). Übersetzung: Der Instinkt, in: «Gesammelte kleinere Schriften von Charles Darwin». Herausg. von Ernst Krause, S. 9).

Einige Notizen über ein merkwürdiges Verhalten männlicher Hummeln wurden an Prof. Hermann Müller in Lippstadt geschickt, der von Mr. Darwin die Erlaubnis erhielt, sie zu benutzen, wie es ihm beliebte. Nach Müllers Tod gab dessen Sohn die Notizen an Dr. E. Krause, der sie unter dem Titel «Über die Wege der Hummelmännchen» in seinem Buch: «Gesammelte kleinere Schriften von Charles Darwin» (1886) herausgab.

4. Biographien

BARLOW, N.: Charles Darwin's diary of the H. M. S. Beagle. Cambridge 1933
: Charles Darwin and the voyage of the Beagle. London 1945

: Robert Fitzroy and Charles Darwin. London 1932
: The autobiography of Charles Darwin. London 1958
BEER, G. DE: Charles Darwin. Proc. Brith. Acad. 1958
DARWIN, CH.: Autobiographie. Leipzig–Jena 1959
HEBERER, G.: Charles Darwin. Sein Leben und sein Werk. Stuttgart 1959
HUXLEY, J., und H. B. D. KETTLEWELL: Charles Darwin and his world. London 1965
LUBLINSKI, S.: Charles Darwin. Leipzig
PORTMANN, A.: Die Idee der Evolution als Schicksal von Charles Darwin. Sonderdruck aus Eranos-Jahrbuch XXXIII/1964. Zürich 1965
WEISMANN, A.: Charles Darwin und sein Lebenswerk. Festrede gehalten zu Freiburg i. B. am 12. Februar 1909
WEST, G.: Charles Darwin. A portrait. New Haven 1938
WICHLER, G.: Charles Darwin. München–Basel 1963
WYSS, W. VON: Charles Darwin. Zürich 1958

5. Zum Darwinismus (Auswahl)

ASKENASY, E.: Beiträge zur Kritik der Darwin'schen Lehre. Leipzig 1872
BARNETT, D. A.: A century of Darwin. London 1958
BÜCHNER, L.: Die Darwin'sche Theorie. Leipzig 1868
DARLINGTON, P. J.: Darwin and Zoogeography. Proc. Am. Philos. Soc. Philadelphia 103, 307–319, 1950
DENNERT, E.: Vom Sterbelager des Darwinismus. Stuttgart 1903
FLEISCHMANN, A.: Die Deszendenztheorie. Leipzig 1901
HARTMANN, E. VON: Wahrheit und Irrtum im Darwinismus. Berlin 1875
HAECKEL, E.: Über die Entwicklungstheorie Darwins. Gemeinverständl. Vorträge u. Abhandl. I, 1902
HEBERER, G.: Was heißt heute Darwinismus. 2. Aufl. Göttingen 1960
: Darwin–Wallace, Dokumente zur Begründung der Abstammungslehre vor 100 Jahren. Stuttgart 1959
HUXLEY, T. H.: Zeugnisse für die Stellung des Menschen in der Natur. Dt. v. V. Carus. Braunschweig 1863
KRAPOTKIN, P.: Gegenseitige Hilfe in der Tier- und Menschenwelt. Leipzig 1908
LANG, A.: Lamarck und Darwin. 1877
LORENZ, K.: Darwin hat recht gesehen. Pfullingen 1965
LYELL, CH.: Principles of Geology. London 1875
MÜLLER, F.: Für Darwin. Leipzig 1864
NACHTWEY, R.: Der Irrweg des Darwinismus. Berlin 1959
PLATE, L.: Selektionsprinzip und Probleme der Artbildung. Handbücher der Abstammungslehre I, 3. Aufl. Leipzig und Berlin 1913
: Die Bedeutung und Tragweite des Darwinschen Selektionsprinzips. Leipzig 1899
PORTMANN, A.: Die Frühzeit des Darwinismus im Werk Ludwig Rütimeyers. Sonderabdruck aus dem Basler Stadtbuch 1965
SCHMIDT, O.: Descendenzlehre und Darwinismus. Leipzig 1875

THOMSON, J. A.: Darwinism and Human Life. London 1946
WAGNER, M.: Die Darwinsche Theorie und das Migrationsgesetz der Organismen. Leipzig 1868
WALLACE, A. R.: Der Darwinismus. Eine Darlegung der Lehre von der natürlichen Zuchtwahl und einiger ihrer Anwendungen. Braunschweig 1891
WETTSTEIN, R. VON: Der Neulamarckismus und seine Beziehung zum Darwinismus. Jena 1903
WIGAND, A.: Der Darwinismus und die Naturforschung Newtons und Cuviers. Braunschweig 1874

6. Allgemeine Biologie, Abstammungslehre, Genetik und Naturphilosophie (Auswahl)

Abstammungslehre. 12 Vorträge von O. Abel, A. Brauer, E. Dacqué, F. Doflein, K. Giesenhagen, R. Goldschmidt, R. Hertwig, P. Kammerer, H. Klaatsch, O. Maas, R. Semon. Jena 1911
BAER, K. E. VON: Über Entwicklungsgeschichte der Tiere. Königsberg 1828
BLECHSCHMIDT, E.: Vom Ei zum Embryo. Stuttgart 1968
BORN, M.: Von der Verantwortung des Naturwissenschaftlers. München 1965
BOSCHKE, F. L.: Die Schöpfung ist noch nicht zu Ende. Düsseldorf–Wien 1962
BUTTMANN, G.: John Herschel, Lebensbild eines Naturforschers. Stuttgart 1965
CHAMBERS, R.: Vestiges of the Natural History of Greation. (1844 anonym erschienen.) Dt. v. Karl Vogt: Natürliche Geschichte der Schöpfung. Braunschweig 1851
CUVIER, G.: Die Umwälzungen der Erdrinde. Bonn 1828
DACQUÉ, E.: Organische Morphologie und Paläontologie. Berlin 1936
DARWIN, CH. G.: Die nächste Million Jahre. Braunschweig 1953
DOBZHANSKY, TH.: Vererbung und Menschenbild. München 1966
: Genetics and the Origin of Species. New York 1937. Dtsch. Übersetzung: Jena 1939
FRANKE, H. W.: Der Mensch stammt doch vom Affen ab. München 1966
GEGENBAUR, K.: Untersuchungen zur vergleichenden Anatomie der Wirbeltiere. Leipzig 1872
GOETHE, J. W. VON: Naturwissenschaftliche Schriften. In: Weimarer-Sophien-Ausgabe, II. Abt., Bd. 6–12, hg. von RUDOLF STEINER. 1891–1896
GROHMANN, G.: Die Pflanze. 2 Bde. Freiburg i. B. 1948
HAACKE, W.: Karl Ernst von Baer. Leipzig 1905
HAAG/HAAS/HÜRZELER: Evolution und Bibel. Freiburg i. B. 1966
HAECKEL, E.: Natürliche Schöpfungsgeschichte. Berlin 1911
: Generelle Morphologie der Organismen. Berlin 1866
HARTMANN, M.: Allgemeine Biologie. Jena 1947. 3. Aufl.
HEBERER, G.: Die Evolution der Organismen. 2 Bde. Stuttgart 1959
: Allgemeine Abstammungslehre. Göttingen 1949
HEBERER, G., und F. SCHWANITZ: Hundert Jahre Evolutionsforschung. Stuttgart 1960

HEMLEBEN, J.: Rudolf Steiner. Reinbek 1963 (rowohlts monographien. 79)
: Ernst Haeckel. Reinbek 1964 (rowohlts monographien. 99)
: Rudolf Steiner und Ernst Haeckel. Stuttgart 1965
: Pierre Teilhard de Chardin. Reinbek 1966 (rowohlts monographien. 116)
: Urbeginn und Ziel. Stuttgart 1976
: «Das haben wir nicht gewollt». Stuttgart 1978
HERTWIG, O.: Das Werden der Organismen. Jena 1918
HIS, W.: Unsere Körperform und das physiologische Problem ihrer Entstehung. 1874
HOWELLS, W.: Die Ahnen der Menschheit. Zürich 1963
HUMBOLDT, A. VON: Reise in die Aequinoctialgegenden des Neuen Continents in den Jahren 1799–1804. Stuttgart
HUXLEY, J.: Ich sehe den künftigen Menschen. München 1965
JUNGK, R., und H. J. MUNDT: Das umstrittene Experiment der Mensch. München 1966
KIPP, F.: Höherentwicklung und Menschwerdung. Stuttgart 1948
KLAATSCH, H.: Der Werdegang der Menschheit. 1920
KOENIGSWALD, G. H. R. VON: Die Geschichte des Menschen. Berlin–Göttingen–Heidelberg 1960
KUHN, O.: Die Abstammungslehre, Tatsachen und Deutungen. Krailing b. München 1965
KURTH, G.: Evolution und Hominisation. Stuttgart 1968
LAMARCK, J. B. DE: Die Lehre vom Leben. Jena 1913
: Philosophie Zoologique. Paris 1809
LORENZ, K.: Das sogenannte Böse. Wien 1963
LYELL, CH.: Das Alter des Menschengeschlechts. Leipzig 1874
: Geologie oder Entwickelungsgeschichte der Erde und ihrer Bewohner. 2 Bde. Berlin 1857
MALTHUS, TH. R.: Eine Abhandlung über das Bevölkerungsgesetz. Jena 1925
MECKEL, J.: System einer Darstellung der zwischen dem Embryonalzustand der höheren Tiere und dem permanenten der niederen stattfindenden Parallele. Beiträge zur vergl. Anatomie. Leipzig 1811
MEYER-ABICH, A.: Geistesgeschichtliche Grundlagen der Biologie. Stuttgart 1963
MÜLLER, A. H.: Großabläufe der Stammesgeschichte. Jena 1961
MUSCHALEK, H.: Urmensch – Adam. Berlin 1963
NAEF, A.: Idealistische Morphologie und Phylogenie. Jena 1919
: Die individuelle Entwicklung organischer Formen als Urkunde ihrer Stammesgeschichte. Jena 1917
OKEN, L.: Allgemeine Naturgeschichte für alle Stände. 13 Bde. 1833–1841
OVERHAGE, P.: Die Evolution des Lebendigen. Freiburg i. B. 1963
OVERHAGE, P., und K. RAHNER: Das Problem der Hominisation. Freiburg i. B. 1963
POPPELBAUM, H.: Mensch und Tier. Basel 1937
: Entwicklung, Vererbung und Abstammung. 1961
PORTMANN, A.: Biologische Fragmente zu einer Lehre vom Menschen. Basel 1951
: Biologie und Geist. Zürich 1956

: Vom Ursprung des Menschen. Basel 1958
  : Neue Wege der Biologie. München 1965
  : Einführung in die vergleichende Morphologie der Wirbeltiere. Basel–Stuttgart 1965
RUDORF, W.: Dreißig Jahre Züchtungsforschung. Stuttgart 1959
REMANE, A.: Die Grundlagen des natürlichen Systems, der vergleichenden Anatomie und der Phylogenik. Leipzig 1952
  : Gilt das Biogenetische Gesetz noch heute?. In: Die Umschau, September 1962
RENSCH, B.: Neue Probleme der Abstammungslehre. Stuttgart 1954
SAVAGE, J. M.: Evolution. München–Basel–Wien 1966
SIMPSON, G. G.: Zeitmaße und Ablaufformen der Evolution. Göttingen 1951
Charles Darwin. In: Der Spiegel, 26. 12. 1962
SCHINDEWOLF, O. H.: Paläontologie, Entwicklungslehre und Genetik. Kritik und Synthese. Berlin 1936
  : Grundlagen und Methoden der paläontologischen Chronologie. Berlin 1950
SCHMALHAUSEN, I. I.: Factors of evolution. Philadelphia–Toronto 1947
STEINER, R.: Haeckel und seine Gegner. Minden 1900
  : Der Ursprung des Menschen – Der Ursprung der Tierwelt – im Lichte der Geisteswissenschaft. Zwei Vorträge 1912
  : Darwin und die übersinnliche Forschung. Vortrag 1912
  : Einleitungen zu den Naturwissenschaftlichen Schriften Goethes. 1883/97
  : Grundlinien einer Erkenntnistheorie der Goetheschen Weltanschauung. 1886
  : Goethes Weltanschauung. 1897
THORPE, W. H.: Der Mensch in der Evolution. München 1969
TIMOFÉEFF-RESSOVSKY, N. W.: Genetik und Evolution. Zur Abstammungslehre. 1938
USCHMANN, G.: Geschichte der Zoologie und der zoologischen Anstalten in Jena 1779–1919. Jena 1959
VOGT, K.: Vorlesung über den Menschen, seine Stellung in der Schöpfung und in der Geschichte. Gießen 1863
VRIES, H. DE: Die Mutationstheorie. Leipzig 1901
WAGNER, F.: Die Wissenschaft und die gefährdete Welt. München 1964
WEISMANN, A.: Über die Berechtigung der Darwin'schen Theorie. Leipzig 1868
  : Über die Vererbung. Jena 1883
  : Vorträge über Deszendenztheorie. Leipzig 1901
ZIMMERMANN, W.: Grundfragen der Evolution. Frankfurt a. M. 1948
  : Evolution. Die Geschichte ihrer Probleme und Erkenntnisse. Freiburg i. B.–München 1953
  : Die Phylogenie der Pflanzen. Stuttgart 1959
  : Die Telomtheorie. Stuttgart 1965

Nachtrag zur Bibliographie

1. Biographien

APPLEMAN, PHILIP: Darwin. New York 1970
BRENT, PETER: Charles Darwin. A man of enlarged curiosity. London 1981
BUNTING, JAMES: Charles Darwin. Folkestone 1974
COLP, RALPH: To be an invalid. The illness of Charles Darwin. Chicago 1977
DARWIN, CHARLES: Autobiographies. Thomas Henry Huxley. Ed. with an introd. by GAVIN DE BEER. London 1974
FREEMAN, RICHARD BROKE: Charles Darwin, a companion. Folkestone, Eng. 1978
GRUBER, HOWARD E.: Darwin on man. A psychological study of scientific creativity. 2. Aufl. Chicago 1981
KEITEL-HOLZ, KLAUS: Charles Darwin und sein Werk. Versuch einer Würdigung. Frankfurt a. M. 1981
STEVENS, LEWELL ROBERT: Charles Darwin. Boston 1978
WINSLOW, JOHN H.: Darwin's Victorian Malady. Evidence for its medically induced origin. Philadelphia 1971 (Memoirs of the American Philosophical Society. Vol. 88)
ZIRNSTEIN, GOTTFRIED: Charles Darwin. 3., durchges. Aufl. Leipzig 1978 (Biographien hervorragender Naturwissenschaftler, Techniker und Mediziner. 13)

2. Zum Darwinismus

ALLAN, MEA: Darwins Leben für die Pflanzen. Der Schlüssel zur «Entstehung der Arten». Wien–Düsseldorf 1980
ALTNER, GÜNTER: Charles Darwin und Ernst Haeckel. Ein Vergleich nach theologischen Aspekten. Zürich 1966 (Theologische Studien. 85)
BREDNOW, WALTER: Von Lavater zu Darwin. Berlin 1969 (Sitzungsberichte der Sächsischen Akademie der Wissenschaften zu Leipzig. Math.-Nat. Klasse. Bd. 108, H. 6)
DANIELS, GEORGE H. (Comp.): Darwinism comes to America. Waltham, Mass. 1968
Der Dawinismus. Die Geschichte einer Theorie. Hg. v. *Günter Altner*. Darmstadt 1981 (Wege der Forschung Bd. 449)
DE BEER, GAVIN RYLANDS: Charles Darwin. Evolution by natural selection. Melbourne 1968
DÖRPINGHAUS, HERMANN JOSEF: Darwins Theorie und der deutsche Vulgärmaterialismus im Urteil deutscher katholischer Zeitschriften zwischen 1854 und 1914. [Phil. Diss.] Freiburg i. B. 1969
EISELEY, LOREN C.: Darwin and the mysterious Mr. X. A new light on the evolutionists. New York 1979
GHISELIN, MICHAEL T.: The Triumph of the Darwinian method. Berkeley 1969
GILLESPIE, NEAL C.: Charles Darwin and the problem of creation. Chicago 1979
HOPKINS, ROBERT S.: Darwins's South America. New York 1969
HULL, DAVID L. (Hg.): Darwin and his critics. The reception of Darwin's theory of evolution by the scientific community. Cambridge, Mass. 1973

Huxley, Thomas Henry: Darwiniana. Essays. New York 1970

Kelly, Alfred: The descent of Darwin. The popularization of Darwinism in Germany, 1860–1914. Chapel Hill 1981

Knapp, Guntram: Der antimetaphysische Mensch. Darwin, Marx, Freud. Stuttgart 1973

Manier, Edward: The young Darwin and his cultural circle. A study of influences wich helped shape the language and logic of the first drafts of the theory of natural selection. Dordrecht 1978 (Studies in the history of modern science. 2)

Marshall, Alan John: Darwin and Huxley in Australia. Sydney 1970

Moorehead, Alan: Darwin and the Beagle. 6. impr. New York 1970

Nakamura, Amy: The philosophy of Darwin and Spencer. New York 1965

Ospovat, Dov: The development of Darwin's theory. Natural history, natural theology, and natural selection, 1838–1859, Cambridge, New York 1981

Ruse, Michael: The Darwinian revolution. Chicago 1979

Russett, Cynthia Eagle: Darwin in America. The intellectual response, 1865–1912. San Francisco 1976

Spilsbury, Richard: Providence lost. A critique of Darwinism. London 1974

Vanderpool, Harold Y. (Hg.): Darwin and Darwinism. Revolutionary insights concerning man, nature, religion, and society. Lexington, Mass. 1973

Vorzimmer, Peter J.: Charles Darwin. The Years of controversy. The origin of species and its critics 1859–82. London 1972

NAMENREGISTER

Die kursiv gesetzten Zahlen bezeichnen die Abbildungen

Adler, Alfred 8
Agassiz, Louis 65

Babbage, Charles 64
Baer, Karl Ernst von 105
Bakewell 78
Barlow, Nora 68
Bates, Henry Walter 97
Beethoven, Ludwig van 27
Bell, Thomas 62
Brandley, Dr. 145
Broderip, W. J. 62
Brown, Robert 63 f, 72, 128 f
Bruno, Giordano 7
Buch, Leopold von, Freiherr von Gellmersdorf 105
Büchner, Ludwig 122
Butler, Dr. 16
Byron, Lord George Noël Gordon 19

Carlyle, Thomas 64
Carus, J. Victor 86
Case, G. 14
Chambers, Robert 105
Clark, Sir Andrews 142
Claude Lorrain (Claude Gelée) 42
Coldstream 22
Cuvier, Baron Georges 52, 61, 92, 94

Darwin, Anna 72, 135 f
Darwin, Caroline 11
Darwin, Catherine 11, 14, 44, *17*
Darwin, Emma 69, 71 f, 75, 95, 116, 133, 134 f, 137, 138 f, 144 f, 147, *67*
Darwin, Erasmus (Großvater) 12, 92, 105, *12*
Darwin, Erasmus (Enkel) 11, 19 f, 64, 139
Darwin, Francis 68, 70, 87, 89, 133 f, 137, 144, 147
Darwin, Henrietta s. u. Henrietta Litchfield
Darwin, Horace 136
Darwin, Marianne 11
Darwin, Mary Eleanor 12
Darwin, Robert Waring 12 f, 16, 19 f, 23, 25, 29, 30, 33, 35, 46, 147, 149, *14*
Darwin, Susan 11, 56
Darwin, Susannah 11 f, 14, 69, *13*
Darwin, William Erasmus 72
Dieffenbach, Ernst 72
Driesch, Hans 124

Engels, Friedrich 122
Euklid 19

Farrer, Sir Thomas 146
Fitton 72
Fitz Roy, Robert 32, 33, 34 f, 43, 56, 60, 72, 74, *32*
Forbes, Edward 95
Fox, William Darwin 29, 53, 56, 61, 72, 135
Freud, Sigmund 7 f

Galilei, Galileo 8
Galton, Francis 136, 137
Geikie, Archibald 86
Goethe, Johann Wolfgang von 8, 84, 105, 116, 122, 155, 156
Gould, John 54, 62
Grant, Dr. 21
Gray, Asa 76, 77, 80 f, 101, 128, *82*
Gully, Dr. 91

Haeckel, Ernst 9, 82, 118 f, 128, 138, 150, *120*
Hegel, Georg Wilhelm Friedrich 122
Henslow, Johns Stevens 29 f, 33, 43, 60, 61, 62, 72, 79, 95, 117, 128 f, *28*
Herbert, John Maurice 27, 44
Herschel, Sir John Frederick William 31, 55 f, 64, 86, *57*
Hoff, Karl Ernst Adolf von 61

Homer 18
Hooker, Sir Joseph Dalton 76, 77, 79 f, 80, 90, 95 f, 101, 105, 128, 142, 146, *81*
Hooker, Sir William Jackson 79, 80
Horner 79
Humboldt, Alexander von 31, 40, 43, 45, 57, 63 f, 87, *63*
Huxley, Aldous Leonard 84
Huxley, Sir Julian Sorell 84
Huxley, Thomas Henry 9, 76, 77, 82 f, 89, 97, 117 f, 146, *83*, *119*

Ibsen, Henrik 62

Jamenson, Robert 21
Jenys, Leonard 62
Jesus Christus 150
Jung, Carl Gustav 8

King 37
Kopernikus, Nikolaus 7 f
Kropotkin, Pjotr A., Fürst 113

Lamarck, Jean-Baptiste de Monet, Chevalier de 21, 61, 92, 100, 105, 108, 124, *95*
La Mettrie, Julien Offroy de 70
Lavater, Johann Kaspar 34, 127
Leighton 16
Linné, Carl von 92
Litchfield, Henrietta 134, 136
Lorenz, Konrad 9, 114, 116
Lowell, James Russell 146
Lubbock, Sir John 146
Lyell, Sir Charles 41 f, 52, 60 f, 64, 72, 76, 77 f, 79, 86, 95, 100 f, 105, 118, *77*

Macgillivray, William 23
Mackintosh, Sir James 23
Malthus, Thomas Robert 105
Marx, Karl 122
Mellersh, Admiral 40
Mendel, Gregor Johann 110
Michelangelo Buonarroti 27
Molisch, Hans 106

Mozart, Wolfgang Amadé 27
Müller, Johannes 90

Newman, Edward 113
Newton, Sir Isaac 146
Novalis (Friedrich Leopold Freiherr von Hardenberg) 122

Owen, Sir Richard 62, 117, *119*

Paley, William 30
Paracelsus, Philippus Aureolus Theophrastus (Theophrastus Bombastus von Hohenheim) 124
Pascal, Blaise 147, 153
Peacock, George 33
Pearson, John 25
Piombo, Sebastiano del 27

Raffael (Raffaello Santi) 50
Reuter, Fritz 123
Ross, Sir James Clark 80

Saint-Hilaire, Geoffroy 105
Schelling, Friedrich Wilhelm Joseph von 122
Scott, Sir Walter 19, 23
Sedgwick, Adam 31, 41 f, 43, 79, *31*
Shakespeare, William 19, 151
Spencer, Herbert 105, 112
Spottiswoode, William 146
Sprengel, Christian Konrad 129
Stanlay 83
Steiner, Rudolf 61, 85, 155
Stokes, John Lort 37, 40
Strickland 95
Sullivan, Sir James 37, 142

Teilhard de Chardin, Pierre 9, 29
Torrey, John 80

Vergil 18
Vogt, Karl 122

Wagner, Moritz 54
Wallace, Alfred Russel 81 f, 97 f, 105, 142, 146, *99*
Waterhouse, George Robert 62

Wedgwood, Emma s. u. Emma Darwin
Wedgwood, Josiah 23, 25, 29, 33, 63, 69, 24
Whewell, William 124

Whitley, Charles 27, 50
Wilberforce, Samuel 117 f, *119*
Wyß, Walter von 107

Youatt 111

QUELLENNACHWEIS DER ABBILDUNGEN

Down House-Archiv: Umschlagvorderseite, 12, 13, 17, 21, 22, 28, 49, 66, 67, 74/75, 76, 81, 82, 83, 104, 109, 123, 134/135, 138/139, 140, 148, 152 / Aus «Julian Huxley and H. B. D. Kettlewell, Charles Darwin and his World». Thames and Hudson, London, 1965: Frontispiz, 14, 24, 31, 32, 55, 87, 96, 119 oben, 119 unten, 121, 144 / Foto Hausherr, Shrewsbury: 10, 11, 15, 18 / Francis C. Inglis & Son Ltd., Edinburgh: 20 / J. Salmon Ltd., London: 26 / Aus: «Ch. Darwin's Gesammelte Werke», Schweizer Bart'sche Verlagshandlung (E. Koch), Stuttgart 1875: 34/35, 36, 41, 77, 94, 95, 99, 126, 127, 129, 131, 143 / Libreria El Ateneo, Buenos Aires: 38/39, 44, 46, 50/51 / Aus: «Lt. Chamberlain R. A.», Rio de Janeiro 1819: 42, 47 / Foto J. Meiners-Boeklen: 48 / Wissenschaftliche Verlagsgesellschaft, Stuttgart: 57 / Aerofilms Ltd., London: 59 / Staatsbibliothek Berlin, Bildarchiv (Handke): 63, 120 / Aus: «Charles Darwin, A Monograph of the Cirripedes»: 88 / Foto Christoph Hemleben: 90 / Foto Julia Margaret Cameron, London: 125 / Friedrich Vieweg, Berlin: 130 / Canon Adam Fox D. D.: 145 / Church Information Office, London: 146, 155 / Rowohlt-Archiv, Reinbek: Umschlagrückseite.

rowohlts bildmonographien

Naturwissenschaft

Johannes Hemleben
Charles Darwin (137)

Fritz Vögtle
Thomas Alva Edison (305)

Johannes Wickert
Albert Einstein (162)

Johannes Hemleben
Galileo Galilei (156)

Armin Hermann
Werner Heisenberg (240)

Adolf Meyer-Abich
Alexander von Humboldt (131)

Johannes Hemleben
Johannes Kepler (183)

Jochen Kirchhoff
Nikolaus Kopernikus (347)

Fritz Vögtle
Alfred Nobel (319)

Armin Hermann
Max Planck (198)

Pädagogik

Helmut Heiland
Friedrich Fröbel (303)

Wolfgang Pelzer
Janusz Korczak (362)

Max Liedtke
Johann Heinrich Pestalozzi (138)

Medizin

Josef Rattner
Alfred Adler (189)

Wilhelm Salber
Anna Freud (343)

Octave Mannoni
Sigmund Freud (178)

Gerhard Wehr
C. G. Jung (152)

Ernst Kaiser
Paracelsus (149)

Bernd A. Laska
Wilhelm Reich (298)

Thema Naturwissenschaft Pädagogik, Medizin

C 2057/ 6 b

rowohlts bildmonographien

Henri Marrou
Augustinus (008)

Otto Wolff
Sri Aurobindo (121)

Gerhard Wehr
Jacob Böhme (179)

Eberhard Bethge
Dietrich Bonhoeffer (236)

Gerhard Wehr
Martin Buber (147)

Maurice Percheron
Buddha (12)

Ivan Gobry
Franz von Assisi (16)

Alain Guillermou
Ignatius von Loyola (74)

David Flusser
Jesus (140)

Johannes Hemleben
Johannes der der Evangelist (194)

Helmuth Nürnberger
Johannes XXIII. (340)

Hanns Lilje
Martin Luther (98)

Gerd Presler
Martin Luther King (333)

Emile Dermenghem
Mohammed (47)

André Neher
Moses (94)

Gerhard Wehr
Thomas Müntzer (188)

Claude Tresmontant
Paulus (23)

Solange Lemaître
Ramakrischna (60)

Harald Steffahn
Albert Schweitzer (263)

Johannes Hemleben
Pierre Teilhard de Chardin (116)

M.-D. Chenu
Thomas von Aquin (45)

Gerhard Wehr
Paul Tillich (274)

Angelica Krogmann
Simone Weil (166)

Thema Religion

bildmono ro ro ro graphien

C 2057/8

rowohlts bildmonographien

Thema Geschichte

Gösta v. Uexküll
Konrad Adenauer (234)

Gerhard Wirth
Alexander der Große (203)

Bernd Rill
Kemal Atatürk (346)

Marion Giebel
Augustus (327)

Justus Franz Wittkop
Michail A. Bakunin (218)

Wilhelm Mommsen
Otto von Bismarck (122)

Hans Oppermann
Julius Caesar (135)

Reinhold Neumann-Hoditz
Nikita S. Chruschtschow (289)

Sebastian Haffner
Winston Churchill (129)

Reinhold Neumann-Hoditz
Dschingis Khan (345)

Jürgen Miermeister
Rudi Dutschke (349)

Hermann Alexander Schlögl
Echnaton (350)

Herbert Nette
Elisabeth I. (311)

Georg Holmsten
Friedrich II. (159)

Herbert Nette
Friedrich II. von Hohenstaufen (222)

Elmar May
Che Guevara (207)

Helmut Presser
Johannes Gutenberg (134)

Harald Steffahn
Adolf Hitler (316)

Reinhold Neumann-Hoditz
Ho Tschi Minh (182)

Peter Berglar
Wilhelm von Humboldt (161)

Herbert Nette
Jeanne d'Arc (253)

Wolfgang Braunfels
Karl der Große (187)

Herbert Nette
Karl V. (280)

Gösta v. Uexküll
Ferdinand Lassalle (212)

Hermann Weber
Lenin (168)

Bernd-Rüdiger Schwesig
Ludwig XIV. (352)

Helmut Hirsch
Rosa Luxemburg (158)

Edmond Barincou
Niccolò Machiavelli (17)

C 2053/8

rowohlts bildmonographien

Tilemann Grimm
Mao Tse-tung (141)

Peter Berglar
Maria Theresia (286)

Friedrich Hartau
Clemens Fürst von Metternich (250)

Hans Peter Heinrich
Thomas Morus (331)

Giovanni de Luna
Benito Mussolini (270)

André Maurois
Napoleon (112)

Reinhold Neumann-Hoditz
Peter der Große (314)

Heinrich G. Ritzel
Kurt Schumacher (184)

Maximilian Rubel
Josef W. Stalin (224)

Hannes Heer
Ernst Thälmann (230)

G. Prunkl und A. Rühle
Josip Tito (199)

Harry Wilde
Leo Trotzki (157)

Hans Norbert Fügen
Max Weber (216)

Friedrich Hartau
Wilhelm II. (264)

Thema Geschichte

C 2053/8 a